DBT Made Simple
A Step-by-Step Guide to
Dialectical Behavior Therapy

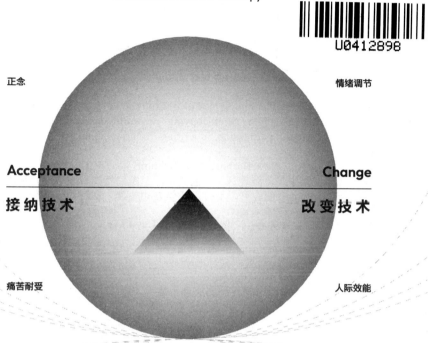

正念　　　　　　　　　　　　　情绪调节

Acceptance　　　　　　　　　　Change
接 纳 技 术　　　　　　　　　　改 变 技 术

痛苦耐受　　　　　　　　　　　人际效能

DBT
就这么简单

辩证行为治疗简明实操手册

[加] 谢里·范·狄克（Sheri Van Dijk） 著 / 王纯 吴思楚 郭洁妮 译

机械工业出版社
CHINA MACHINE PRESS

Sheri Van Dijk. DBT Made Simple: A Step-by-Step Guide to Dialectical Behavior Therapy.

Copyright © 2012 by Sheri Van Dijk.

Simplified Chinese Translation Copyright © 2024 by China Machine Press.

This edition arranged with New Harbinger Publications through BIG APPLE AGENCY. This edition is authorized for sale in the Chinese mainland (excluding Hong Kong SAR, Macao SAR and Taiwan).

No part of this book may be reproduced or transmitted in any form or by any means, electronic or mechanical, including photocopying, recording or any information storage and retrieval system, without permission, in writing, from the publisher.

All rights reserved.

本书中文简体字版由 New Harbinger Publications 通过 BIG APPLE AGENCY 授权机械工业出版社仅在中国大陆地区（不包括香港、澳门特别行政区及台湾地区）独家出版发行。未经出版者书面许可，不得以任何方式抄袭、复制或节录本书中的任何部分。

北京市版权局著作权合同登记　图字：01-2023-4290 号。

图书在版编目（CIP）数据

DBT 就这么简单：辩证行为治疗简明实操手册 /（加）谢里·范·狄克（Sheri Van Dijk）著；王纯，吴思楚，郭洁妮译. -- 北京：机械工业出版社，2024.8（2024.11 重印）.

ISBN 978-7-111-76210-2

Ⅰ. B84-62

中国国家版本馆 CIP 数据核字第 2024405F5F 号

机械工业出版社（北京市百万庄大街 22 号　邮政编码 100037）

策划编辑：刘利英　　　　　责任编辑：刘利英
责任校对：郑　雪　陈　越　责任印制：邓　敏
三河市国英印务有限公司印刷
2024 年 11 月第 1 版第 2 次印刷
170mm×230mm · 13.25 印张 · 1 插页 · 174 千字
标准书号：ISBN 978-7-111-76210-2
定价：79.00 元

电话服务　　　　　　　　　　网络服务
客服电话：010-88361066　　　机 工 官 网：www.cmpbook.com
　　　　　010-88379833　　　机 工 官 博：weibo.com/cmp1952
　　　　　010-68326294　　　金 书 网：www.golden-book.com
封底无防伪标均为盗版　　　　机工教育服务网：www.cmpedu.com

首先，我想将此书献给在我的写作生涯中一直支持我的家人和朋友。如果没有你们的鼓励，我永远不会有勇气或信心去完成我现在所做到的事情。

其次，我想将此书献给我的来访者。你们教会了我很多关于生活，以及如何成为一名更好的治疗师的道理。

最后，我想把这本书献给所有在调节情绪上存在困难的人。保持希望！一切都会变好。

DBT
Made Simple

推荐序

在本书的主译者王纯教授刚刚入门时，我曾经给她布置过一个作业，让她整理描述情绪、情感的所有中文词语。她完成后告诉我有400多个。当时我也很吃惊，没想到中文中有这么多词语用于描述情绪与情感体验。

情绪与情感体验是我们人类非常重要的特征，远较其他动物丰富。然而，情绪的发展与调节也并非一帆风顺。我们在成长过程中，一方面体验到各种情绪与情感，另一方面又不断地调节和控制自己的体验以及表达方式。然而，事情并不是一直那么顺利的。大多数精神障碍，都伴随着情绪调节与控制问题，另外，即使是没有疾病或者障碍的人也会出于某些原因，一时无法恰当控制与调节情绪。尽管情绪的产生与认知有关，传统的认知行为治疗可以通过矫正弯曲认知实现对情绪的调节。但是，由于有时情绪的产生过快，很多人难以接受从认知入手，导致情绪的认知有时过于模糊等诸多因素，传统认知行为治疗对情绪调节的作用偏弱。

辩证行为治疗（dialectical behavior therapy，DBT）是美国心理学家玛莎·莱恩汉（Marsha Linehan）和她的团队针对边缘型人格障碍（borderline personality disorder，BPD）开发的一套行之有效的心理治疗理论与技术，后来被普遍用于以情绪调节困难为特点的疾病。近年来，DBT被引入中国，并获得广泛认可。然而，接受过系统培训的治疗师依然非常少。如何正确理解DBT以及具体操作存在很多问题。很多初学者被DBT吸引，但是，又觉得真正用起来不得要领。

王纯教授组织翻译的这本《DBT就这么简单：辩证行为治疗简明实操手册》非常好地回答了DBT是什么，DBT有什么用，DBT怎么做。全书分为两个部分，第一部分是基本原理，包括DBT的基本理论与策略；第二部分主要是基本技能介绍，包括正念，帮助来访者减轻情绪反应的技术，如何调节情绪，增加积极的情绪，处理人际关系，等等。简明扼要，容易理解和操作。

除此之外，本书的作者还强调了DBT技术不仅对患者有帮助，对治疗师自己也有很大帮助。一方面，DBT可以帮助治疗师控制与调节情绪；另一方面，治疗师也要自己去体会和实践这些技术，这样才能够更好地帮助来访者。

我非常感谢王纯教授以及本书的另外两位翻译者为推广DBT所做出的努力，强烈推荐本书，希望它有助于DBT在我国的推广与应用。

张宁

2024年4月于南京

DBT Made Simple
引言

1980年，美国心理学家玛莎·莱恩汉和她的团队共同寻找更有效的治疗自杀行为的方法，随后她重点关注BPD。BPD是一种以情绪调节困难为特点的疾病，通常导致冲动性，包括自杀企图和其他自伤行为等。传统的认知行为治疗（cognitive behavioral therapy，CBT）似乎对治疗BPD没有太大的帮助。由于这种疾病所造成的后果可能非常严重，因此莱恩汉博士和她的团队继续致力于发展帮助BPD个体的新治疗策略，即DBT。

本书目的

虽然DBT最初是用来治疗BPD的，但后来人们发现它能够有效治疗各种其他类型的精神障碍。实际上，如今我们发现DBT对任何有情绪调节问题的来访者都有极大帮助，即使它的病因与精神障碍无关。由于DBT成功帮助人们学会更有效地管理他们的情绪，它已经成为一种广受欢迎的治疗方法。不幸的是，和正在寻求DBT帮助的人相比，接受过充分DBT培训的治疗师数量仍然太少。所以，本书旨在让治疗师基本理解DBT基础理论、在个体会谈中的应用策略（这正是与传统CBT的不同之处），以及DBT技能本身。

本书不欲以任何途径、方式或形式尝试复制玛莎·莱恩汉精妙绝伦的著作。她对心理治疗领域所做出的贡献从各方面而言都是无价的。相反地，我希望让那些可能被DBT吓倒的治疗师，以及可能受益于DBT的来访者更容易接触到它。

读者对象

如果你是一名新手DBT治疗师，这本书将为你提供一切你所需要的模式，用于治疗来访者的情绪失调等问题。对于那些将了解如何为BPD来访者提供DBT作为目标的治疗师而言，这本书将是一个良好的开端，但从长远来看，你还需要阅读莱恩汉的开创性著作——《边缘型人格障碍的认知行为治疗》（*Cognitive-Behavioral Treatment of Borderline Personality Disorder*）（1993a）。如果你已经接受了DBT方面的培训并予以实践，那么这本书将是一个很好的回顾材料，也可以提供一些有帮助的建议和讲义。此外，这本书将帮助你使用DBT治疗BPD以外的精神障碍，并将为你提供不同的方式来思考DBT技能，以及将它们教授给来访者。

如果你对DBT知之甚少的话，那么我会建议：在开始将DBT用于治疗来访者之前，应该先把此书从头到尾通读一遍。在你试图教授DBT之前，对DBT技能有良好的理解是很重要的。同时，充分了解你希望如何运用DBT也很重要：你要将DBT仅用于BPD来访者，或者仅用于其他精神障碍治疗，还是两者皆有？如果你只是刚刚入门，并且打算将它应用于以上两类来访者，我的建议是先在非BPD来访者身上进行实践。因为如果想要有效地将DBT运用于BPD来访者，你需要学习更多的策略和技术。在你开始采用DBT治疗BPD来访者之前，你可能需要进行更多的训练和阅读。

治疗师将 DBT 技能应用于他们自己的个人生活与职业生涯也是非常有益的。这不仅有助于你自身的学习，还让你自己言行一致！若你没有身体力行却要去教授他人，这是非常困难的。你能想象自己并未真正经常骑自行车或者开车而仅知道背后的理论，却尝试教别人如何去骑自行车或者开车吗？

DBT 的治疗对象

在我看来，DBT 对大多数来访者而言是有效的。在我的治疗实践中，我用 DBT 技能帮助来访者应对双相情感障碍（见 Van Dijk, 2009）、抑郁、焦虑、贪食症、暴食症、慢性疼痛、哀伤、低自尊、关系问题和愤怒。

当然，正如其他心理治疗一样，DBT 也并非对每个人都有效。但是在我使用这种治疗模式的这些年里，我领悟到，除了治疗 BPD 之外，DBT 可以是一种非常灵活的治疗模式。你可以摘取并选择你认为对不同来访者有效的 DBT 片段。对于许多患有人格障碍之外的其他疾病的来访者，你可以仅使用 DBT 技能，而且你可能会发现某些来访者只需要其中的一些技能。例如，一些来访者实际上不需要痛苦耐受或人际效能技能，因为他们在这些方面已经适应得很好了，但他们仍然需要帮助自己更好地觉察以及更有效地管理自身情绪的技能。对于存在人格障碍相关特质的来访者，你可以将一些 DBT 学习理论融入个体会谈中，同时教授部分或所有的技能。关键在于，当你未使用 DBT 治疗 BPD 时，治疗过程非常灵活，且可被用于任何精神障碍。在第 1 章里，我们将看到一些关于使用 DBT 治疗 BPD 以外精神障碍的研究。

本书结构

这本书分为两部分。在第一部分基本原理中,你将学习治疗模式的理论基础,DBT 与传统 CBT 的区别,以及完整 DBT 模式的组成部分。我还将回顾一些关于使用 DBT 治疗 BPD 及其他精神障碍的研究。

第一部分也将聚焦于在个体会谈中采用 DBT。由于 BPD 的复杂性,以及治疗师在发展和维持与这些来访者的良好治疗联盟时经常遇到的问题,你将了解到治疗 BPD 时所需的许多技术。如果有些来访者没有和 BPD 来访者相同的情绪调节障碍及人际关系问题,在与这些来访者发展良好的治疗关系时,这些技能也很有用,但不总是必需的。

在第二部分技能中,你将学习真正的 DBT 技能,以及如何把它们教授给来访者。第一部分更侧重于该模式在 BPD 中的应用,而第二部分侧重于帮助治疗师将 DBT 技能应用于更广泛的来访者群体。

通过这本书,你将看到可以帮助你教授来访者这些技能的讲义,以及帮助你将所有这些治疗策略和技能付诸实践的治疗师-来访者的对话案例。

莱恩汉在她的著作中(1993a)强调的一点是,治疗师是容易犯错的。当你读这本书时,请记住这一点。你想尽可能彻底地理解策略和技能,你想在你的会谈中尽可能地保证有效性,在实施策略和教授技能时,你可能会犯错误或遇到问题。作为治疗师,我们都需要学会容忍这些想法,就像我们教我们的来访者容忍他们不愉快和痛苦的想法一样。这本书将帮助你成为一个知识更渊博、更自信的 DBT 治疗师。因此,记住这一点,DBT 就是这么简单。

目录

推荐序
引　言

第一部分　基本原理

第1章　DBT的基础　/2
什么是DBT　/2
什么是情绪失调　/4
BPD的生物社会理论　/6
DBT的辩证理论　/11
DBT治疗模式　/12
灵活地运用DBT　/15
DBT治疗BPD和其他精神障碍的研究　/16
小结　/19

第2章　个体会谈的准备工作：你所需要了解的　/20
DBT的假设　/20
减少治疗师在DBT中的耗竭　/24
治疗阶段　/29
小结　/39

第3章　DBT中的"B"：你需要了解的行为理论　/40

定义行为的概念　/40

问题解决的策略：行为分析　/47

小结　/52

第4章　个体会谈的DBT策略　/53

沟通风格　/53

辩证策略　/59

DBT的目标设定　/63

终止治疗　/67

小结　/68

第二部分　技能

第5章　向来访者介绍正念　/70

正念是什么　/71

向来访者推荐正念　/71

如何进行正念练习　/76

践行你所宣扬的　/82

来访者经常遇到的问题　/83

小结　/90

第6章　正念的其他技能　/91

心理记录　/91

不评判　/93

小结　/102

第7章　帮助来访者减轻情绪反应　/103

三种思维方式　/103

如何去接近智慧自我　/105

调整影响情绪调节的生活方式　/107

小结　/113

第 8 章　帮助来访者度过危机：痛苦耐受技能　/114

识别问题行为　/114

检查问题行为的成本和收益　/115

用 RESISTT 技能对抗冲动　/118

管理冲动　/125

提前应对　/127

小结　/129

第 9 章　来访者需要了解的情绪知识　/130

情绪是什么　/130

情绪的功能　/131

情绪、想法和行为之间的联系　/133

情绪与自动思维　/135

命名情绪　/138

小结　/143

第 10 章　帮助来访者调节情绪的技能：减轻痛苦的
　　　　　情绪　/144

运用正念减轻情绪上的痛苦　/145

自我认可　/146

接纳现实　/151

与冲动相反行事　/156

观察你的情绪　/158

小结　/159

第 11 章　帮助来访者调节情绪的技能：增加积极的情绪　/160

在生活中有效地做　/161
增加积极的体验　/164
意愿：采取开放的态度　/169
小结　/171

第 12 章　帮助来访者在人际关系中更加有效能感　/172

获取社会支持　/172
改善目前的关系　/174
沟通风格　/176
自信的技能　/178
自信在平衡令人愉悦的活动和责任方面的作用　/183
深化现有关系并发展新关系　/185
小结　/186

总结　进行整合　/187

从技能开始　/187
将复杂的部分留到后面　/188
发展一个团队　/188
利用额外的资源　/188
保持灵活　/189

致　　谢　/192
参考文献　/193

第一部分

基本原理

第1章

DBT 的基础

20世纪中期以来，心理治疗大体上经历了三次演变：20世纪50年代行为治疗的发展、20世纪70年代亚伦·贝克（Aaron Beck）认知治疗的发展，以及融合这两种治疗并成为广为人知的、最常用的当代治疗方法——CBT（Ost, 2008）。在过去的几十年里，我们见证了融合正念与接纳技术的CBT"第三浪潮"的兴起（Hayes, 2004）。DBT是这些"第三浪潮"之一，在治疗存在情绪调节困难、患有BPD的来访者方面，已经被证明是卓有成效的治疗方法。

什么是DBT

DBT是CBT的一种形式。帕尔默（Palmer）称其为多种不同治疗和技术的"奇怪混合体"（2002, p.12）。很多人问我DBT和CBT有什么不同。我通常会回答说，就技能而言，DBT实际上是另一种形式的CBT，外加正念和接纳技术。DBT将CBT中的评判部分剔除，故而来访者的思维方式就不会是"错误的""谬误的"或"扭曲的"，改变他们的思维方式就不会被作为目标。相反，DBT 承认来访者的思维方式存在问题，但治疗师首先鼓励来访者接纳这一点，而不是评判它，然后帮助他们了解如何才能做出改变，从而使他们的思维更加平衡。

然而，纵观整个 DBT 模式而不仅仅是其技能本身，可以发现这种治疗与 CBT 有很大不同。主要区别在于 DBT 是一种原则驱动的治疗，而 CBT 倾向为一种基于方案的治疗（Swales & Heard，2009）。在 CBT 中，治疗师遵循特定的程序，例如，当一个患有惊恐发作的来访者来到治疗师面前，将有一系列特定的规定或程序用于治疗惊恐，例如提供心理教育、教授腹式呼吸等。

在 DBT 中，遵循原则使治疗师更加灵活。这对于治疗那些难以管理情绪的人而言是至关重要的——特别是那些被诊断为 BPD 的人——因为这些来访者经常面临各种各样的问题，从而使得治疗师很难在每次会谈中只关注一个问题。当来访者面临各种问题时，试图遵循一个仅针对其中一个问题的高度结构化的治疗方案几乎是不可能的（Swales & Heard，2009），并且来访者也可能会认为这种方法是一种不认可。

DBT 和 CBT 的第二个主要的区别在于治疗的提供方式。CBT 可以以团体或者个体的形式提供，但很少同时以两种形式出现，而 DBT 由四个不同的治疗模块组成：个体治疗、技能训练团体、电话咨询和咨询团队（本章稍后将分别对其进行概述）。

像 CBT 一样，DBT 也包括自我监测；而在 DBT 中，通过行为监测表的应用，自我监测被提升到了一个不同的层次（见第 2 章）。DBT 不同于 CBT 之处还在于个体会谈的组织方式，即根据目标行为的严重程度和威胁程度来分级处理行为和治疗阶段。DBT 的另一个特点是它使用了自杀风险和评估方案（相关详细讨论见 Linehan，1993a）。

除了提供治疗之外，DBT 中治疗关系的使用是基于学习理论的，与 CBT 的方法截然不同。因为 DBT 是一种以行为为中心的治疗，治疗师将

BPD 视为一种习得的行为模式。为了帮助来访者忘记这些具有破坏性的行为，DBT 模式强调识别功能失调行为的触发因素和维持这些行为的偶然事件的重要性。

为此，DBT 的治疗师尽一切努力与来访者建立深厚且真诚的治疗联盟，并且这种治疗联盟可以通过各种方式（将在第 4 章中详细讨论）帮助来访者做出必要的改变。在 CBT 中，来访者学习许多技术以助于改变其歪曲思维；在 DBT 中，来访者被教导接纳真实的自己，并学习一些工具以在某种程度上帮助他们改变不健康或有问题的行为。治疗关系（包括治疗师的自我暴露）成为治疗师用来帮助来访者做出这些困难改变的另一个工具。

当我们了解 BPD 的生物社会理论时，你很快就会看到：对于那些情绪管理困难的来访者而言，与一位健康、积极的人建立一段关系是尤其重要的。在我们讨论情绪失调如何发展的理论之前，我们首先要定义情绪失调本身。

什么是情绪失调

根据莱恩汉（1993a）的著作，情绪失调是由高度的情绪敏感性或脆弱性以及无法调节或调整个体情绪共同导致的。

情绪脆弱性

情绪脆弱性是指一个人天生比大多数人情绪上更为敏感的生物学上的素质或气质。这些人倾向于对其他人通常不会做出反应的事情做出情绪反应。他们的情绪反应通常比当时的情况本该有的反应更强烈，而且比一般人需要更长的时间才能从那种反应中复原，回到自身情绪的基线水平。

情绪脆弱性的这种理论与伊莱恩·阿伦（1996）在其书中所提到的高度敏感的人的概念不谋而合。阿伦认为，拥有一个敏感的神经系统是一种相对常见的神经特质，他声称群体中大约有15%至20%的人会经历这种高度的敏感性。阿伦假设高度敏感的人更容易被唤起（对其他人通常不会做出反应的事物做出情绪反应）及被过度唤起（即所体验的情绪反应比当时的情况本该有的反应更强烈）。

桑德拉·布莱克斯利和她的儿子马修·布莱克斯利（2007）认为这种更高的情绪意识存在神经的、生理的基础。此外，科尔纳和迪梅夫（2007）指出，中枢神经系统的差异在个体的情绪脆弱性上发挥了作用，这些中枢神经系统的差异可能与多种因素有关，包括遗传因素或在胎儿发育时期或儿童生活早期的创伤。

无法调节情绪

情绪调节指的是我们用来（无意识地、有意识地，甚至可能是用极大的努力）减少、维持或增加一种情绪或情绪的某些方面的过程（Werner & Gross，2010）。在大多数情况下，如果可能的话，我们希望降低痛苦情绪的强度，或者让它们完全消失；但有时我们实际上想增加一种情绪（例如，感到沮丧的人可能想增加享受的感觉）。这两者都被认为是情绪调节。

值得注意的是，情绪调节并不意味着压抑情绪或试图向他人隐藏情绪；在这些情况下，尽管情绪可能是被隐藏起来了，但它仍然存在且未被调节。相反，情绪调节的目标是达到一种有意识地管理体验和表达情绪的平衡状态（Greenberg & Paivio，1997）。

无法调节自身情绪的人通常发现对于识别或标记他们感受到的情绪、理解他们为什么会有这种感觉、用有效的方式表达情绪均存在困难。因此，他们很难忍受他们所体验的情绪。

与这个等式中情绪脆弱性的成分不同，情绪调节能力似乎更受一个人成长环境的影响。例如，米勒、拉图斯和莱恩汉（2007）指出，研究表明，早期的受虐经历对个体调节情绪的能力有直接影响。从积极的一面来看,这意味着当家长以接纳和支持的方式回应孩子对痛苦情绪的表达时,孩子会发展出更健康的调节自身情绪的能力(Thompson & Goodman, 2010)。同样,库勒(2009)表明,儿童调节自身情绪的能力很大程度上受到他们与照料者的社会互动质量的影响。库勒还指出,人们调节情绪的能力会随着年龄的增长而不断提高。所以好消息是,如果成人在小时候没能掌握他们调节情绪所需的技能的话,我们可以教他们。

BPD 的生物社会理论

由于莱恩汉最初发展她的生物社会理论是为了帮助理解和治疗 BPD (1993a),所以,我将在本部分讨论中只谈及 BPD。但在本节的结尾我将举两个案例来说明研究人员如何开始将这一理论应用于其他精神障碍。

根据莱恩汉的生物社会理论(1993a),情绪失调(情绪脆弱加上无法调节自己的情绪)源于生物学素质以及个体与环境的相互作用(Miller et al., 2007)。我们刚刚研究了生物学素质,即情绪失调部分,发现大量研究表明,有些人天生就比其他人更敏感。然而,这并不意味着所有天生情绪敏感的人都会出现 BPD 或其他精神健康问题。生物学素质只是这个等式的其中一部分;另一部分是一个人成长的环境。当一个生物学上易感的人面对一个普遍不认可的环境时,往往会出现问题(Linehan, 1993a)。

不认可的环境

米勒及其同事(2007)将不认可的环境定义为一种拒绝或不可预测地、不恰当地回应孩子的个人体验的倾向,特别是诸如情绪、躯体感觉和想法等个人体验,但没有证据证明这些是孩子真实的体验。换言之,当一个孩子表达一种情绪(一种个人体验)时,他周围的人会根据这种体验对他进行评判(例如,告诉他不应该有这种感觉,或者说他反应过度了),

告诉他，他的体验是不正确的，或者轻视他的体验，因为他谈论个人体验而惩罚他，无视他对这种体验的表达，等等。

在不认可的环境中，有一种期待通常是孩子应该能够控制自身情绪的表达（由于孩子的情绪脆弱性，这种期望是不切实际的），且不应表达"负面"的感受（Miller et al., 2007）。当他无法满足这些期望时，环境因为他传递了这些负面的体验而惩罚他，且只有当他情绪升级时，才会对他的情绪表现做出反应，这基本上是教他在抑制情绪和以极端方式传递情绪之间进行转换，以获得帮助（Koerner & Dimeff, 2007）。

关于不认可的环境的另一个重要方面是，它通常传达了一种信息，即个体应该能够轻松地解决他正在经历的问题。然而，在这种类型的环境中，情绪敏感的孩子从来没能被正确地教导诸如调节情绪和解决问题的技能。所以这种环境传达的信息是他应该能够帮助自己感觉好些，但他从未学习过能做到这些的技能。这显然让他产生挫败感且导致了自我的不认可（例如，告诉自己每个人都说他应该能做到这些，当他做不到时便开始自我评判）。

很多原因可以让环境变得不认可。以下的四个部分对一些例子进行了讨论。

适应不良

有时候，孩子出生在他们难以良好适应的家庭。例如，一个有创造力的孩子出生在一个父母和兄弟姐妹务实而勤奋的家庭，且他们将他的创造力视为浪费时间，即认为这种创造力永远无法让他赚到足以独立的钱，因此不该追求。这样的父母可能会把孩子的最大利益放在心上；他们希望他成功和快乐，但是他们会因为认为创造力不是他的最大利益而阻碍他的追求。情感脆弱的孩子将在这种不认可的环境中成长，感觉到他们渴望有创造力是错误的，故而想要去追求它是有问题的。他还会感到被误解，显得与其他家人与众不同。

混乱的家庭

一些家庭面临额外的挑战，导致它们很难提供一个有效的环境。也许父母自身儿童时期曾遭遇不认可，因此他们也从未学会如何为自身或他人提供认可。自身有精神健康问题，或有物质成瘾，或经济状况不稳定的父母很难为孩子提供生活的必需品，要为孩子提供一个情绪上安全和健康的环境则更加困难。

同样值得注意的是，高度情绪敏感的孩子可能至少是造成家庭混乱的一部分原因。米勒及其同事（2007）指出，只是在家中有一个情绪脆弱的孩子，就可能会带来巨大的挑战，以至于家庭系统压力过大，可能导致一个不认可的环境。换言之，当一个情绪脆弱的孩子出生在一个其他人不具备这种特质的家庭时，家里的其他成员很难做到感同身受，而且这本身就会导致不认可，因为父母对孩子感到失望，且不知道如何提供帮助。我们都听过父母告诉焦虑的孩子，"别傻了，没什么好害怕的"，告诉一个受伤的孩子"别哭了"，或者告诉一个生气的孩子"你这样不太好"。这些父母无意不认可孩子，他们只是对自身感到沮丧，不知道在那一刻如何有效地帮助他们的孩子。然而，对于一个情绪脆弱的孩子来说，随着时间的推移，此类信息强化了孩子觉得自身有问题的想法。

充满虐待的家庭

对 BPD 的发展而言，虐待不一定会发生，但当然也并不罕见。例如，一项研究（Stone，1981）表明 12 名被诊断为 BPD 的住院患者中，75%有乱伦史。一项图表综述（Herman，1986）发现 12 名精神科门诊 BPD 患者中有 67% 在童年或青春期有受虐待史。一项定性研究发现（Bryer, Nelson, Miller, & Krol, 1987），14 名 BPD 住院患者中有 86% 在 16 岁之前经历过性虐待。

当然，一个充满暴力的环境是终极的不认可的环境。它可以有多种形式，从因儿童对负面情绪的表达或为了儿童的"自身利益"而产生的躯体虐待，到性虐待中施虐者告诉儿童这没什么，但勒令他不要告诉任何人，如果他说了，可能会给他或他爱的人带来威胁。除了施暴者的不认可之外，当受害者告诉别人他们受到了虐待，却不被相信，被指责撒谎，甚至可能因为虐待而受到责备（Linehan，1993a），许多个体会体验到进一步的不认可。

尽管忽视是一种被动的虐待形式，但它同样具有破坏性。忽视会让孩子明白，无论他做什么，他的需求、愿望和情绪大部分将会被忽视（不认可）——当然，除非，他将自己的行为升级到他的照料者们无法再忽视它们的程度。

其他不认可的环境

虽然我们通常从家庭成员和家庭环境中寻找问题所在，但不认可也可能发生在家庭之外：在学校、教堂、托儿所，当与其他家庭成员在一起的时候，当参加课外活动的时候，如参加体育项目或俱乐部，等等。当然，孩子们的大部分时间都是在学校度过的，如果学校是一个不健康的环境，它会对情绪脆弱的孩子产生负面影响。在家庭之外不认可的环境的例子包括一个有注意力缺陷障碍（例如注意障碍）的孩子的老师指责他不用功或故意在课堂上捣乱；一个被同龄人霸凌的孩子（例如，因为哭而被嘲笑），一个存在交友困难的孩子，或者一个孩子的教练关注负面的部分并告诉他应该做得更多或更好。

交互模型

需要强调的是，生物社会理论是辩证的或交互的，意味着环境和个体之间的相互作用随着时间的推移而发生，逐渐使它们相互适应以及发展出BPD。因此，治疗师被鼓励将来访者的行为视为对环境强化的自然反应（Lynch，Trost，Salsman，& Linehan，2007）。个体不能被指责为"过于敏感"，环境也不是一个彻头彻尾的错误。没有这两个因素之间的相互作用，疾病不太可能产生和发展。

生物社会理论在其他精神障碍中的应用

从你目前的阅读中你可能会知道，莱恩汉的生物社会理论可能适用于许多来访者，无论他们是否患有BPD。事实上，情绪调节困难并不罕见，在《精神障碍诊断与统计手册》中描述的精神障碍里可占75%以上（Werner & Gross，2010）。对于没有特定精神障碍的人来说，情绪调节困难可能也是一个问题。

将生物社会理论应用于其他疾病的发展是非常有意义的，鉴于情绪失调是许多不同疾病的组成部分，这个问题会导致通过不健康的行为进行情绪回避，比如物质使用、不规律进食、自残等。我敢肯定，任何与存在精神健康问题的个体一起工作的人都会经常看到这种不认可的环境对人的影响。

虽然到目前为止，生物社会理论只涉及BPD、其他人格障碍和进食障碍，但是根据我的专业经验，它也适用于许多有其他疾病的来访者，或许也适用于那些可能没有可诊断的精神障碍，但存在情绪调节困难的个体。现在，让我们快速看一下生物社会理论与其他人格障碍和进食障碍的关系。

其他的人格障碍　林奇和奇闻斯（2007）提出生物社会模型可以应用于边缘型人格障碍以外的人格障碍。他们认为，增加负面影响的生物学素质与不认可的环境相互作用，这以交互的方式强化了不健康的回避模式，从而产生了人格障碍中常见的认知、情绪和行为模式，特别是在维持人际关系、调节情绪和控制冲动方面的困难。

进食障碍　基于出现不规律进食行为的人是由于无法调节自身情绪的观点，一些写作者着眼于将生物社会理论应用于暴食症和贪食症（Wisniewski，Safer，& Chen，2007）。同样，塞弗、泰奇和陈（2009）提出暴食症和神经性贪食症的根本问题在于未发展、不完备的情绪调节系统，从而使这些个体无法充分监控、评估、接纳和改变他们的情绪体验。

塞弗和她的同事推测这些困难源于情绪脆弱的孩子被告知，他应该有能力调节自身的情绪并解决问题，尽管没有人教过他这些技能。

DBT 的辩证理论

莱恩汉（1993a）在创建她的治疗模式时，深受辩证法理论的影响。辩证法是一个复杂的哲学和科学概念，主要原理有三：

- 万物都是相互连接或相互关联的。这个理念有助于我们理解采取全系统方法来识别和管理变化的重要性。它也提醒我们，来访者的行为反应会影响治疗师，而治疗师会反过来影响来访者，等等（Feigenbaum, 2007）。
- 事物不是静止的，而是处于不断变化的过程中（Swales & Heard, 2009）。
- 通过整合或综合不同的（也可能是相反的）观点，便可以发现（总是在发展中的）真相（Feigenbaum, 2007）。当然，这种想法与情绪失调者典型的非黑即白的思维相反。

那么，这对于治疗到底意味着什么呢？米勒及其同事（2007）指出，辩证地思考意味着在一个情境下采用两种视角，然后努力综合这些可能是对立的视角。换句话说，来访者和治疗师需要学会容许两个看似对立的事物可以共存的想法。在辩证地思考时，治疗师和来访者必须记住，事物不是静止不变的、固定的，而是不断变化的，且充满明显的矛盾。例如，一方面来访者正在尽最大努力，另一方面，他们需要更加努力，做得更多。另一个常见的例子，特别是对于一个存在情绪调节困难的来访者来说，是同时体验两种看似相反的情绪的想法；这里治疗师的工作是帮助来访者了解他可以，例如，他可以在深爱他的伴侣的同时对他感到非常愤怒。

辩证地思考意味着，我们必须练习接纳，同时持续努力改变。在 DBT 中，这是主要的、基本的辩证法——治疗师和来访者都需要接纳来访者真实的自我，也需要持续努力改变不健康的或自我毁灭的行为。然而，辩证思维在治疗中还以许多其他方式发挥着作用。例如，当治疗中或来访者的生活中出现分歧时，辩证思维有助于治疗师和来访者牢记搜寻他们现实中所遗漏的东西，这样他们可以尝试看到一个更宏观的图景或者有不同的视角（Basseches，1984）。

林奇及其同事（2007）指出，最常见的辩证对立之一是，一种不健康或自我毁灭的行为，如割伤，可以既是功能性的（因为它有助于人们在短期内减少情绪困扰），也是功能失调性的（因为自我伤害会导致各种消极后果）。在这个困境中，来访者和治疗师需要找到这两个明显对立面的合题（synthesis）⊖。例如，认可来访者获取一些安慰的需要，同时帮助他学习和使用以一种无害的方式减轻痛苦的技能（Lynch et al.，2007）。

辩证地思考意味着认识到所有的观点都有有效和不正确的一面。在治疗中，了解极端化是不可避免的，这一点很重要；采取辩证的观点意味着承认这种不可避免性，小心极端化，当它发生时不要让自己陷入其中。林奇及其同事（2007）指出，这种"走中庸之道"的辩证思想由来已久，DBT 结合了这些思想，以帮助来访者以更有效的方式行事，过上更平衡的生活。

DBT 治疗模式

如前所述，DBT 模式由四个部分组成。尽管我的职业经验表明，即便不囊括所有这些部分，DBT 也可以有效地提供给来访者。大部分采取

⊖ 合题来自黑格尔的辩证法的发展三阶段理论，特指辩证推理的最后流程，在正题（thesis）到反题（antithesis）的冲突观点下，推导出一个全新的想法，"合成"两面的观点。——译者注

DBT 治疗 BPD 的研究着眼于完整的 DBT 模式，包括技能训练团体、个体治疗、电话咨询和咨询团队。

技能训练团体

技能训练团体是一个心理教育性质的、结构化的团体形式，旨在发展和提升来访者的能力。该团体每周进行一次，分为四个模块：核心正念技能、人际效能技能、情绪调节技能和痛苦耐受技能。

核心正念技能 莱恩汉（1993b）将正念分解成更小的部分，使来访者更容易理解并将其融入生活。在治疗 BPD 中，正念的目的是减少对自我的困惑，但正念在许多其他方面也有帮助。增强自我觉知有助于来访者觉察到自身的想法、情绪和欲望，并逐渐学会更有效地管理它们。通过正念，来访者也学会容忍他们对之无能为力的想法、情绪和欲望，进一步看到内心体验不一定要被付诸行动，它们可以仅仅是被承认，并且这些经历将会逐渐淡去。

人际效能技能 这些技能旨在帮助来访者减少人际关系的混乱，这种现象经常出现在他们的生活中，主要是关于如何变得更加坚定。来访者被教授去思考他们最想从互动中得到什么（例如，他们是否有特定的目标，他们是否希望保持甚至提升关系，或者他们是否希望保持或提升他们的自尊），并被教授会使他们更有可能达到这一目标的技能。

情绪调节技能 这个模块的目标是减少情绪的不稳定性。来访者被告知关于情绪的一般信息，比如为什么我们需要情绪，为什么我们不想摆脱情绪，即使情绪有时可以让人感到十分痛苦。来访者将了解他们的想法、感受和行为之间的联系，通过改变其中之一从而影响其他部分。本模块强调自我认可，以及其他帮助来访者更有效管理情绪的技能。

痛苦耐受技能 这些技能也被称为危机生存技能，目标非常简单：帮助来访者在危机中生存，而不是进行诸如自杀尝试、自残、物质滥用等问题行为使事情变得更糟。这些技能有助于安抚来访者，转移他们对问题的注意力，而不是在问题上纠缠，最终依照伴随着痛苦情绪的冲动行事。

以团体形式而不是以个体治疗的形式教授技能出于多种原因：首先，有情绪调节困难的来访者经常从一个危机转移到另一个危机，当来访者希望在当前的危机中得到帮助时，在个体会谈中教授技能是极其困难的。此外，任何团体设置的一个重要方面是认可，因为每个来访者都有与存在类似问题的其他人在同一个团体的体验。团体形式的另一个好处是，学习体验可以丰富得多，因为每个来访者都从团体成员的体验中学习。最后，因为人际关系问题经常在团体中出现，这可以是一个练习所教授技能的绝佳场所，也可以让来访者接受团体治疗师关于如何更有效地使用技能的指导。

个体治疗

来访者通常每周参加一次与 DBT 治疗师的个体会谈。个体会谈的目标是帮助来访者运用在团体中学到的技能来减少目标行为，例如自杀、自残、物质滥用等。与团体会谈一样，个体会谈有非常清晰的结构和形式，这将在第 2 章中详细讨论。

电话咨询

电话咨询用于指导来访者使用技能。电话咨询是一种简短的互动，旨在帮助来访者识别在这种情况下什么技能可能对他们正在面临的情况最有帮助，并帮助他们克服运用这些技能和有效行动的障碍。

咨询团队

根据莱恩汉的说法，"没有团队就没有 DBT"（2011）。DBT 咨询团队的构成将根据治疗师所处的环境而有所不同。通常，这个团队由 DBT

诊所的所有治疗师组成：社会工作者、心理医师、精神科医师，以及在DBT个体治疗和技能训练团体中与来访者工作的所有人。对于在诊所设置下工作的治疗师来说，这相当简单易懂。然而，对于私人执业治疗师来说，事情就有点儿复杂了。因为团队对于让治疗师在实践中保持在正确的轨道上十分重要，私人执业治疗师可能想在当地甚至在网络上发展一个由其他私人执业DBT治疗师组成的团队，前提是坚持保密性原则。作为DBT私人执业治疗的实践者，我很幸运有一位在DBT诊所工作的精神科医师为我提供持续的咨询。团队不一定要大，重要的是你会收到关于你实践的客观反馈。

无论你的环境中有哪些组成部分，团队都有两种用途：首先，向治疗师提供支持，并帮助他们在用DBT模式与来访者工作的过程中持续发展他们的技能；其次是案例讨论。在案例讨论中，团队帮助治疗师确保他正在坚持DBT策略和技术。团队还处理任何耗竭和无效感。在咨询会议中，团队使用诸如采取辩证的立场、不评判等DBT技术，以防止团队成员陷入权力争夺和其他可能扰乱团队和治疗进程的动态。

灵活地运用DBT

在我之前的职业生涯中，我曾在医院和社区中与DBT团队一起工作。由于资源有限的问题，我们尝试了许多DBT的变体。我们是一个由大约六名治疗师和个案管理者组成的小团队。我们一开始尽可能多地提供标准的DBT模式。我们每周提供一次技能训练团体，每两周提供一次个体治疗，我们每月召开一次咨询团队会议，尽管该咨询会议并非严格遵循DBT的形式。我们无法提供24小时电话咨询，但来访者可以使用24小时危机热线。如果他们联系了危机热线，并表明自己是DBT的来访者，他们会接受痛苦耐受技能的训练，以帮助他们度过当前的危机。

因为我们是一个没有额外资源的小团队，所以我们尝试对标准的DBT模式进行了各种变化，试图减少我们的工作负担，而工作负担可导致耗竭和无效感。当然，能够提供完整的DBT模式非常理想，但是一线工作者很清楚并非总能如愿。我相信有时少许DBT比没有要强。例如，我发现DBT技能对许多来访者来说是极为珍贵的，尤其是正念和接纳技能，这是许多来访者在其他治疗模式中从未学过的。鉴于他们成长的环境，认可来访者并教授他们自我认可也是无价的。此外，将生物社会模型融入你的实践，从而减少责备来访者行为的倾向，这对来访者和治疗关系均有极大益处，将有助于减少你耗竭的可能性。

DBT 治疗 BPD 和其他精神障碍的研究

自从DBT在1980年问世以来，许多研究都着眼于它作为一种针对BPD的治疗手段的效果，最近也开始关注对其他精神障碍的疗效。在这一节中，我将概述DBT治疗BPD的研究以及对DBT模式的适应性调整，并讨论采用DBT治疗其他精神障碍的新兴研究。

DBT 治疗 BPD

DBT是第一个进行临床试验验证的BPD心理治疗手段。最初的试验比较了为期一年的DBT和常规治疗，发现DBT是一种更优越的治疗，特别是在减少自残、用药过量和住院率等方面（Linehan, Armstrong, Suarez, Allmon, & Heard, 1991）。自初次试验以来完成的其他研究也有类似的发现（例如 Koons et al., 2001；Verheul et al., 2003）。此外，在2006年，莱恩汉和她的同事们完成了另一项研究，这次将BPD的DBT治疗与社区专家提供的治疗进行了比较——选择社区中的治疗师是由于他们对治疗BPD感兴趣，同时也因为他们使用了一种他们称之为非行为学或通常指精神动力学的治疗模式。这项研究的结果同样表明DBT是一种更优越的治疗方法，它减少了自杀尝试和住院率（Linehan et al.，2006）。

适应性改编 DBT

几位作者修改了最初的 DBT 模式，试图缩短莱恩汉最初治疗模式为期 12 个月的时长，并降低成本。例如，博胡斯及其同事（2004）适应性改编了治疗模式，为住院的 BPD 个体提供了一个更短的 3 个月版本的 DBT。同样，克兰丁斯特及其同事（2008）发现为住院的 BPD 来访者提供 3 个月的 DBT 是非常有效的治疗，且在两年的随访中均维持了改善效果。此外，一项门诊研究表明，在治疗 BPD 方面，为期 6 个月的改编版 DBT 是有效的（Stanley，Brodsky，Nelson，& Dulit，2007）。

显然，需要更多的研究来确定 DBT 适应性改编模式的有效性。然而，我的专业经验显示，你不必为来访者提供"标准的"或完整的 DBT 模式使其获益——尤其是对那些非 BPD 来访者而言。事实上，考虑到目前资源经常短缺，我相信我们需要更加灵活，这样来访者即使没办法坚持完整的治疗模式，他们仍然可以接受某种程度的 DBT 治疗。

治疗其他精神障碍的 DBT

越来越多的研究关注使用 DBT 治疗 BPD 以外的精神障碍。由于相关研究体量庞大，我在这里只简单地总结一下。在 2008 年的一篇论文中，哈内德及其同事提到，数项研究发现 DBT 能有效减少与轴 I 障碍相关的行为，包括物质使用、贪食症、暴食症、抑郁和焦虑等。DBT 还在下述背景下进行了研究：

- 哈利、斯普林奇、萨夫兰、哈科沃和福夫（2008）发现（治疗后）难治性抑郁症患者的显著改善。
- 初步研究发现，DBT 有助于青少年双相情感障碍的治疗（Goldstein，Axelson，Birmhaer，& Brent，2007），DBT 技能

有助于成人双相情感障碍的治疗（Van Dijk，Jeffery，& Katz，2013）。
- DBT技能训练被认为在改善对立违抗障碍青少年的行为方面是可行且有前景的（Nelson-Gray et al.，2006）。
- DBT强化的习惯逆转治疗（DBT-enhanced habit-reversal treatment）被发现是针对拔毛癖的一种有前景的改良治疗，其改善在六个月的随访中持续存在（Keuthen et al.，2011）。
- DBT修改后以强化治疗与儿童期性虐待相关的创伤后应激障碍被认为是一种有前景的治疗方法（Steil, Dyer, Priebe, Kleindienst, & Bohus, 2011）。
- 佩雷普莱奇科娃及其同事（2011）将DBT用于治疗存在非自杀性自伤行为的儿童；结果是有前景的，即随着适应性应对技能显著增加，抑郁和自杀意念显著减少。
- 拉亚林、维克霍尔姆–彼得鲁斯、胡尔斯蒂和约基宁（2009）利用基于DBT的技能，对试图自杀者的家庭成员进行培训。结果表明，照料者的负担明显减轻，情绪健康得到改善，与患者关系的满意度增加。

有趣的是，临床医生也采用DBT来治疗与轴Ⅰ障碍不相关的疾病和问题。例如，埃弗谢德及其同事（2003）使用DBT治疗男性强制医疗患者的愤怒，并发现，与接受常规治疗的患者相比，DBT组成效更显著。索达兰、肖和科利尔（2010）发现DBT降低了存在智力障碍自杀的强制医疗患者的风险水平，且德罗塞尔、费希尔和默瑟（2011）发现，DBT帮助痴呆亲人的照料者增加适当的求助行为，改善他们的心理社会调节度，提高他们的应对能力，提升他们的情绪健康，并减少照料者的疲劳。

以及，本着缩短治疗时间和降低治疗成本的精神，一些研究人员一直在研究适用于BPD以外的精神障碍的DBT治疗模式。林奇、特罗斯特、萨尔斯曼和莱恩汉（2007）指出，两项研究表明，DBT技能训练与仅仅最少量的个体治疗的结合可能对不太严重的精神障碍有帮助。

尽管这个"简短"的纵览很长，但它并不全面。许多其他研究着眼于 DBT 治疗 BPD 和其他精神障碍的疗效。不过，希望这篇简短的总结已经阐明了 DBT 的适应性和灵活性。

小　结

到目前为止，我们已经了解了作为一种治疗模式，DBT 到底是什么：它与 CBT 的区别；它的理论基础；治疗所涉及的不同模式；该模式是灵活的，可进行适应性改编以缩短治疗时间或应用于其他群体；研究支持了标准 DBT 模式和一些改良模式的有效性。在下一章，我将讨论 DBT 关于 BPD 来访者的假设（这可以被应用于一般的情绪调节困难）；一些有助于减少治疗师耗竭的技术；治疗的各阶段；个体会谈是如何组织的。

DBT
Made Simple
第 2 章

个体会谈的准备工作：你所需要了解的

多年来，许多研究表明，治疗师和来访者之间的积极关系比实际的治疗模式本身对结果有更大的影响（Bordin，1979；Martin, Garske, & Davis，2000）。鉴于存在情绪调节障碍的人所经历的一系列困难，以及他们混乱的生活导致的同等混乱的人际关系，治疗师常常不愿意与这样的来访者一起工作。幸运的是，DBT 可以帮助治疗师改变他们对这些来访者先入为主的观念，并协助他们发展出重要的治疗联盟。

在这一章的第一节，我将讨论 DBT 关于来访者和治疗师的一些帮助发展治疗联盟的假设，以及有助于维持它的两个指导原则。在这一章的后半部分，我将讨论治疗的各个阶段，以及如何组织治疗来帮助治疗师和来访者专注于任务。

DBT 的假设

玛莎·莱恩汉（1993a）在她的《边缘型人格障碍的认知行为治疗》一书中描述了从 DBT 的视角对 BPD 来访者做出的一系列假设。这些假设通常应用于存在情绪失调的来访者,帮助治疗师改变对存在这些问题的"典型"来访者任何先入为主的观念,也帮助治疗师记住这些来访者就像其他人一样,想减少自身的痛苦,增加自身的幸福。当然,正如莱恩汉(1993a)指出的,这些假设不会在所有情况下都准确。然而,如果我们带着脑中这些假设进入会谈的话,我们会更成功地与来访者建立积极的关系并理解他。以下内容基于莱恩汉(1993a)提出的假设展开。

来访者正在做到最好

在治疗中,来访者(尤其是那些在调节情绪方面有问题的来访者)往往被认为只是不够努力,甚至会采用有问题的或自我毁灭的行为作为获得关注或满足其他需求的一种方式。来访者正在做到最好的这一假设提醒了治疗师,不管来访者的诊断如何,他凭借所拥有的条件和所了解的知识,通常都在维持功能上尽了最大努力。这个假设提醒治疗师,不是每个人在成长过程中都学到了他们需要知道的关于如何管理情绪和解决问题的知识。如果你能将这个假设印在脑中,这将提高你与来访者共情的能力,并教会他们要做得更好所需的技能,而不是将他们生活中的问题归咎于他们。

来访者想要变得更好

有这样一个假设,即所有人类的驱动力之一是减少他们的痛苦。我认为可以有把握地假设,如果来访者是来接受治疗的,这说明他们希望在生活中做出一些积极的改变。如果你与非自愿来访者一起工作,这显然可能不成立,但即便如此,你也有可能找到来访者真正想要改变的一些东西——比如不要卷入刑事司法系统。不管怎样,如果你抱着相反的信念——来访者不想变得更好——进入一次会谈,你认为你有多大动力去提供帮助呢?记住这个假设,即来访者希望在他们的生活中体验更少的痛苦和更多的快乐,这将帮助你减少你的评判,更愿意提供帮助。

来访者需要在生活中更努力、具有更强的动机去改变

DBT 的辩证困境之一是承认来访者正在利用他们拥有的资源尽最大努力，同时，我们需要教他们一些技能去帮助他们更加努力，更加有效，且更有动力去改变他们的生活。以这种方式把责任放在来访者身上（治疗师就在他们旁边，教授并指导他们使用技能），有助于保持治疗师与来访者一起工作的动力，因为它提醒自己，我们在这里不是"修复"来访者，而是帮助他们创造一个值得过的生活（Linehan，1993a）。

即使来访者并未造成他们的问题，依旧必须解决它们

理解来访者必须是他们自身改变的推动者，而不是依赖他人为他们做出改变，通过提醒自己（和来访者）我们无法"修复"他们，治疗师可以减轻很多压力。相反，来访者需要去解决他们自己的问题，治疗师一同作为教练或老师，帮助他们学习这样做所需的技能。即使来访者目前面临的问题不是他造成的，也是如此。不认可的环境是一个很好的例子：来访者可能在成长过程中经历了无处不在的不认可，这与情绪脆弱性结合在一起，导致了情绪调节的问题。虽然很明显遇到这些困难并不是来访者的错，但如果他不努力解决他的问题，什么都不会改变，他会继续经受痛苦。将这个假设印在脑中也将有助于减轻治疗师的耗竭，因为它提醒你，你作为治疗师的角色是教来访者进行问题解决，而他们还是孩子时从未学过这一点。

有自杀倾向的来访者的生活是令人不堪忍受的

我们必须正视来访者向我们表达的痛苦。当一个来访者试图自杀，你需要假设他曾尝试自杀是因为他觉得生活痛苦不堪，而不是试图弄清他不可告人的动机是什么。这个假设也有助于让你记住来访者是高度情绪敏感的。你可能听说过这样一个类比，即 BPD 来访者被比作一个经历了Ⅲ度烧伤的人（Linehan，1993a）。对于一个带着这种情绪上的痛苦而又没有

技能来帮助管理它的人来说，生活怎么能忍受得了呢？这种假设有助于你与这样的来访者建立或维持一个积极的工作联盟，因为你加强了与他们共情的能力，而不是因他们的行为而责备他们。

来访者需要学会在生活的各个领域有技能地行事

我们很多人都遇到过调节情绪存在困难的来访者，尽管他们作为教师、律师、管理人员等在各自的专业领域上取得了成功。容易忘记的是，因为这些来访者可以在生活的一个领域使用技能，并不意味着他们可以将这些技能转移到其他领域。当你忽略了这一点时，你可能会给来访者传达他们多年来收到的同样的不认可的信息：他们应该能够解决这个问题。

"来访者需要学习如何有技能地行事"这个假设的第二部分是，当他们在学习新技能时，这种学习必须发生在不同的情况下，包括他们情绪强烈时充满压力的情况。这就是在DBT模式中，最好不要让来访者住院的原因之一：只有来访者继续身处他们的环境中，所需要的学习才能发生。

来访者不能在心理治疗中失败

如果化疗不起作用，我们不会责怪癌症患者。如果有人摔断了腿，打了六个星期的石膏后还没有痊愈，我们不会告诉他，他失败了。那么如果心理治疗不起作用，我们为什么要责怪来访者？如果一位来访者没有进步或退出了治疗，这不是来访者的错；更确切地说，错误在于治疗或治疗师，或者两者都有。换句话说，要么是治疗模式不适合来访者，要么是治疗师没有有效地对来访者实施治疗。当你细想任意在过去对来访者无效的治疗时，这也是有帮助的。记住，不是来访者治疗失败，而是治疗导致来访者失败了，这可以让你有动力和来访者一起工作，寻找将会有所帮助的东西。

不过，请放心，如果来访者没有好转或退出治疗，重点不是责备治疗师。作为治疗师，我们当然想确保我们尽了最大努力去实施治疗，所以把这个假设作为激励自己尽最大努力的一种方式。如果来访者没有改善，而你知道来访者不可能在治疗中失败,你会检查你的技能,看看你在实施治疗方面的有效性,而不是简单地将缺乏进展归咎于来访者的"抵抗性"。

治疗师在治疗情绪失调的来访者时,自身需要支持

一般来说,BPD 和情绪失调是心理治疗中最难处理的疾病之一。由于这些来访者的高度情绪敏感性,治疗师很容易无意中不认可或疏远他们,致使治疗中止,有时这个过程会十分突然。即使当治疗联盟很牢固时,非 DBT 治疗师通常也不会教这些来访者他们需要的技能,或者不会平衡技能训练和接纳。这些只是治疗师治疗这些来访者时需要支持的一些原因,也是 DBT 如此重视治疗团队的原因。根据莱恩汉(1993a)的观点,该团队可以是一名顾问或督导,也可以是一个完整的 DBT 治疗团队。无论是哪种形式,出发点都是使治疗师提高成功治疗情绪失调来访者的可能性。

减少治疗师在 DBT 中的耗竭

牢记 DBT 关于来访者的假设有助于我们作为治疗师将共情与慈悲带给来访者,而不是当与 BPD 或存在情绪失调问题的来访者一起工作时,经常落入评判之中。除了促进治疗,理解和共情这些高需求的来访者,而不是评判或责备他们的能力有助于防止治疗师的耗竭。DBT 的另外两个组成部分也在防止治疗师耗竭中发挥作用:观察我们的限度,以及莱恩汉所说的"为来访者做顾问"(1993a,p.406)。

观察限度

大多数治疗师都被教导要与来访者设置边界。强调设定适当的边界,尤其是与 BPD 来访者的边界,这反映了一种普遍持有的信念,即疾病使得他们无法"恰当地"行事(或者,更糟糕的是,让他们想要"不恰当地"行事),并导致来访者跨越他人的边界,包括治疗师的边界。

在DBT中，无论是来访者还是治疗师都不会被视为是错乱、失调的；换言之，如果一个来访者每天都给他的治疗师打电话，他不是需求过于强烈，也不是尝试操纵他人。同样，治疗师不太能忍受接来访者的电话，也不是说治疗师有反移情问题。与因为边界不清而病态化来访者或治疗师不同，在DBT中，存在这样一个假设，即在一个人想要的和他人愿意或有能力给予的之间存在差异，或者匹配不良（Cardish，2011）。

当然，作为治疗师，有一些硬性的限度是我们不能跨越的：与来访者发生性关系或可能以某种方式让来访者被剥削的其他关系（如果你不确定我指的是什么，请参看你所在行业监管机构的指导方针）。但除此之外，重要的是要意识到每个人的限度都是不同的，它们因各种因素而异。对治疗师来说，这些因素包括你和来访者的关系、在特定时间你生活中的其他压力因素、你工作的灵活性和你的工作环境设置，等等。

让我们来看一个例子：在我的实践中，我经常在会谈之外收到来访者发来的短信、电子邮件或打来的电话。我通常发现来访者不会经常或在没有充分的理由时使用这种特权——例如，当他们感到高度焦虑、有自杀想法或试图不要按照不健康的冲动行事而需要技能上的帮助时。但我也有某些限度：我所有的来访者都知道我睡觉时会关掉手机，所以我整晚都不在。当我和其他来访者在一起时，我也不会接电话或看短信、电子邮件，所以我可能无法立即回复。

不过，有些限度更加个体化。对于一个和我一起工作了大约两年的来访者，我有一个限制，她不能因为问题联系我，直到她已经用了一些技能尝试自我帮助。对于我刚开始一起工作的来访者，我不会有这样的限制，因为那个来访者还没有学会所需的技能。另外，我有一个刚开始一起工作的来访者，她在会谈之外完成家庭作业存在困难。我每隔一天给这个来访者发一条短信去提醒她完成家庭作业。但我不会和我已经共事了两年的来访者这样做，因为她在治疗的这个阶段不需要那种支持。

显然，作为治疗师，我们的限度应依据来访者及其环境而变化。虽然你不想变得主观和不可预测，但重要的是认识到限度不应该是静止不变的。你可能会在某一周愿意做某件事，而下一周却不愿意做。你可能愿意做一些其他治疗师不愿意做的事情，反之亦然。这不能说明它是对是错，或是好是坏；这只是生活的一个事实，即每个人都有不同的限度。

对比设定边界和观察限度

如果你仔细思考"设定边界"和"观察限度"的对比，会发现它们似乎不太灵活。边界比限度更具体，更不可移动。此外，如果你设定了一个边界，那么不越过边界就变成了来访者的责任，任何越过这个边界的行为都会被视为病态和不恰当的。另外，如果你观察你的限度，当来访者行为可能超出限度时，维持限度的责任就落到了你的身上。这让我们认识到（观察限度）不是关于来访者行为的不恰当，而是关于你自己个人和职业的优先。观察我们的限度也需要与来访者进行更多的沟通。请记住，每个人的限度都是不同的和可变的（不像边界，它更像是一个不可移动的障碍），无论是在治疗中还是在日常生活中，我们怎么能指望我们的来访者知道我们的限度是什么？

如何观察你的限度

观察你的限度的第一步，和任何事情一样，是意识到它们。这意味着监控你对来访者的耗竭程度，并检查你在治疗中的意愿。如果你在评判或指责来访者的话，反思一下你的限度：有没有一些事情是你需要改变的？如果是这样，那么重要的是你对此向来访者保持坦诚。如果你不表明你的限度的话，你将会精疲力尽，并减少来访者的治疗将有效进展的可能性。虽然向来访者表明限度可能很难，但请记住，这将减少你的耗竭感，也会让你在长期的治疗关系中更加有效。不要误以为这意味着观察你的限度是为了来访者的利益。这是为了你的利益。观察你的限度是你的责任，而不是来访者的责任，所以确保让这成为你的责任（Cardish，2011）。

当然，你需要遵守自己的限度并与来访者沟通，有时扩展你的限度也很重要。例如，如果在周末你通常是不接电话的，但是你有一个来访者正在艰难的处境中挣扎，需要一些额外的技能指导，你可以告诉他，他可以在某个特定的周末给你打电话。然而，不要扩展你的限度以应对来访者的行为的扩大化（Cardish，2011）。当我在第 3 章讨论强化行为时会解释这一点。但是现在要注意的是，例如，因为来访者威胁要自杀而去扩展你的限度是没有帮助的，事实上会使这种情况更有可能在未来再次发生。相反，如果一种行为正在扩大化，继续观察你的限度，同时也认可来访者的痛苦，并帮助他找到其他方法来应对问题（Cardish，2011）。

关于你的限度可以做些什么

首先，重要的是你要和你的来访者沟通你的限度是什么。这并不是说你应该在第一次会谈时给每个来访者一份你的限度清单。我们不可能预见某个来访者会出现什么情况，进而让你设置你的限度。一些限度可能需要立即表明。例如，如果来访者没有赴约，也没有提前 24 小时通知你，就会产生费用，这是一种常见的做法。这就是一个限度。以下是其他一些常见的例子。想想你在这些方面的限度是什么：

- 会谈的频率和次数：你每周见来访者一次吗？两周一次？按照来访者的意愿来安排？你有会谈的次数上限，还是可以无限地见来访者？除了个人偏好的重要性，这也可能取决于你雇主的策略。
- 会谈长度：会谈持续多长时间？你是比较灵活的吗？例如，如果一个来访者处于危机中，你会延长会谈时间吗？还是那句话，这可能取决于你的工作场所。
- 电话：你会在会谈间隙接来访者的电话吗？如果有，多久一次？你有打电话的时间规定吗？例如，你是只在工作时间接听电话，还是在其他时间也接听电话？

这只是几个例子而已，你的限度问题会以无数种形式出现。关键是当这些情况出现时，要和来访者沟通你的限度是什么。允许自己灵活，允许自己改变。想一想日常个人生活中的情况，可能会有所帮助：如果一个朋友晚餐迟到了20分钟，没有打电话给你，这没关系吗？或者你让他知道你更偏好他打个电话给你？如果你偏好打电话，这是一个限度。如果有朋友半夜给你打电话，你会接吗？如果不会接，那就是你的限度。也许你有一个规则，一个月中的某个周末你和你的伴侣待在家里共度时光，没有任何事情可以干扰。这是一个限度。

当然，也许你通常不喜欢半夜接电话，但是当你发现一个朋友的母亲刚刚去世，你绕过了这个规则。也许在你和伴侣共度的时光中，你通常不会让任何事情打扰你们，但是在周末，当你最好的朋友搬家并需要帮助时，你会更加灵活。这种事情在治疗中也会发生。

为来访者做顾问

像观察你的限度一样，为来访者做顾问的DBT概念可以帮助你最小化耗竭，并提高你的治疗有效性。实质上，为来访者做顾问意味着个体治疗师的角色是教来访者如何与他人互动，而不是告诉他人他们应该如何与来访者互动或代表来访者进行干预。换句话说，人们应该为来访者的需求做顾问，而不是向你（治疗师）咨询。这里的"人们"可能包括来访者生活中的任何人：家人、朋友、其他健康专家，等等。

让我们看一个例子以便更清楚地理解这一点：朱莉是一名27岁的女性，难以调节自己的情绪，最近开始参加在当地医院的DBT技能训练团体。她已经与她的个体治疗师见面了六个月，他们都认为DBT技能对她有帮助。然而，在她参加团体的第二周之后，朱莉告诉她的个体治疗师，她正在考虑退出这个团体，因为她觉得这太难了。一个非DBT治疗师可能会联系团体带领者来讨论这个问题。然而，在为来访者做顾问时，DBT治疗师会与来访者讨论这个问题，并指导她使用技能，这样她就可以自己与团体带领者交谈。

有时情况会有所不同：DBT治疗师个人会被期望告诉其他专业人士如何处理来访者。有时候这是来访者的期望。例如，因为来访者感觉有自杀倾向，所以他希望治疗师联系当地的急诊科，主张让他接受住院治疗。相反，DBT治疗师会指导来访者利用技能来满足他的需求。其他时候期望来自另一个专业人士；例如，当地急诊科的一名护士打电话来说来访者不会被接受住院，并询问该如何处理。正如莱恩汉（1993a）指出的，这里的指导原则是专业人员遵循他们的正常程序。换句话说，记住这个世界通常不会因为来访者在调节情绪方面存在问题而改变；因此，这需要来访者学会如何以一种巧妙的方式来处理这个问题。

当我和青少年一起工作，而他们的父母试图更有效地帮助他们解决问题时，我经常遇到这个问题。经常会有家长要求在没有青少年在场的情况下和我见面，这种情况下，我会回应说这不是我工作的一部分。他们想说的任何话都必须在来访者在场的情况下说。如果父母通过电话联系我，我会解释通话内容将向来访者公开。当然，与来访者的家人或朋友交谈时，表现出认可和共情是很重要的，但最重要的是要记住你的来访者是谁，他需要学会如何维护自己，如何用你提供的技能训练使他能够做到自己应对这种互动。

因此，为来访者做顾问就是帮助来访者学习他们小时候从未学过的解决问题的技能，这样他们就可以逐渐减少对他人的依赖，更多地依靠自己。这有助于他们为自己的生活负责，而不是依赖他人代表他们行事。

治疗阶段

莱恩汉（1993a）列出了一系列阶段，通过这些阶段，来访者在恢复的道路上前进：预治疗，获得基本能力（阶段1），减少创伤后应激（阶段2），提高自尊和实现个体目标（阶段3）。在本章的剩余部分，我将概述莱恩汉所提的每个阶段。然而，本书其余部分的重点是阶段 1 的治疗，因为这是目前 DBT 模式的重点。其他阶段的治疗将与其他治疗模式相结合。例如，在阶段 2 中，治疗师将利用专门用于治疗创伤后应激障碍的治疗模式，例如 CBT 或感觉运动治疗。

预治疗：目标与承诺

不幸的是，在情绪调节障碍的来访者中，过早终止治疗并不少见。莱恩汉（1993a）指出，帕洛夫、瓦斯科和沃尔夫（1978）的一项研究证明了使用预治疗目标策略和降低治疗退出率之间的联系。鉴于这些来访者的退出率往往很高，最初的几次 DBT 个体会谈的重点是让来访者和治疗师决定他们是否愿意和能够合作。在这些早期的会谈中，治疗师也帮助来访者修正任何可能导致治疗消极结果的信念或期望，如过早终止（Linehan, 1993a）。此外，治疗师致力于完成对来访者的评估，提供关于来访者诊断的心理教育，并获得对一般治疗和特定目标的承诺。

阶段 1：获得基本能力

一旦治疗师和来访者承诺合作，治疗就进入阶段 1，该阶段关注对来访者的安全和稳定构成直接威胁的行为（Swales & Heard, 2009）。这一阶段的目标是减少自杀行为和想法，以及其他不稳定、自毁或不健康的行为，并处理技能缺失（Linehan, 1993a）。

正如第 1 章所讨论的，在传统的 CBT 中，大量的时间会花在从一个危机跳到下一个危机上，这使得治疗师很难找到时间来教授来访者管理情绪所需的技能。为了以富有成效的方式解决这些问题，DBT 有条理地组织个体会谈，为情绪失调的来访者提供急需的结构安排。这种结构由来访者的行为监测表提供，这是一种日志记录的简短方式。有不同类型的监测表，你可以为特定的来访者进行个性化设置。我已经在本节的后面添加了一个我所使用的副本；请随意复印并在实践中使用它。在该监测表中，

行为按以下顺序处理,(Linehan,1993a):

(1)妨碍生命的行为。
(2)妨碍治疗的行为。
(3)妨碍生活质量的行为。

莱恩汉(1993a)指出,对于高度功能障碍和有自杀倾向的来访者,可能需要一年以上的治疗来减少妨碍生命或治疗的行为。然而,莱恩汉表明,在第一年治疗结束时,"来访者还至少应该具备DBT中教授的主要行为技能的工作知识和胜任能力"(p.170)。请记住,拥有技能的工作知识并不意味着来访者可以在他们所有的问题上应用它们!

妨碍生命的行为

在个体会谈中,首先要处理的是妨碍生命的行为,顺序如下:

(1)任何自杀行为。
(2)非自杀性自伤行为,如割伤或烫伤。
(3)侵入性的自杀或杀人的冲动或表达。
(4)自杀意念。

当这些行为发生在会谈之外时,它们将成为下一次个体会谈中讨论的重点。在DBT中,处理这些行为最常用的工具是行为分析。行为分析帮助治疗师和来访者深入了解导致目标行为和来访者继续进行问题行为的可变因素。我将在第3章详细讨论行为分析。

莱恩汉(1993a)注意到,像背景噪声一样有规律地或不断出现的自杀想法并不总是在个体会谈中直接得到处理,因为这可能阻碍治疗师和来访者在其他问题行为上的工作。DBT的假设是,这种类型的自杀想法与情绪失调导致的低生活质量有关,因此,关注提高生活质量(这是计划上的第三个目标)将处理这个问题。

妨碍治疗的行为

第二个要处理的问题是以某些方式直接妨碍来访者治疗的行为，按照破坏性最大到最小的顺序来处理。这些行为可能以许多不同的方式呈现，来访者和治疗师都可能参与。例子包括来访者或治疗师迟到或取消预约，没有为会谈做好准备（例如，来访者没有完成他的监测表，或者治疗师没有检查他的笔记以提醒自己布置了什么家庭作业），在会谈期间接电话，等等。

这些行为也可能更微妙，例如治疗师对来访者太过苛刻，不认可来访者；强化来访者的不健康行为；来访者或治疗师避免在会谈中谈论困难的话题。妨碍治疗的行为也可能变得更具破坏性（例如，治疗师没有观察对来访者的限度或来访者以某种方式威胁自己或治疗师）。

妨碍生活质量的行为

个体会谈议程的最后一项是处理妨碍来访者生活质量的行为。这可能包括共病的心境障碍、焦虑障碍或物质滥用障碍，住房条件不合适或经济困难，或者缺乏社会支持。

因为情绪失调的来访者通常在他们的生活中有许多这些额外的问题，所以决定哪个是最重要的需要处理的领域是很重要的。莱恩汉的指导方针（1993a）如下：第一，解决眼前的问题，如获得住房或进入康复计划；第二，解决更容易解决的问题，稍后再解决更难的问题；第三，优先考虑与两个更高级目标相关的行为（妨碍生活的行为和妨碍治疗的行为）。

归纳

总结前三节并明确治疗目标的优先顺序，以下是需要处理的行为清单，从优先级最高到最低：

（1）自杀行为和非自杀性自杀行为。
（2）妨碍治疗的行为。

（3）自杀意念和"痛苦"。

（4）维持治疗收益。

（5）来访者确定的其他目标。

如上所述，我已经列出了我使用的行为监测表及相应记录（见表2-1和表2-2），并提供了行为监测表的完成指令。请看这两张表，然后我将讨论一个来访者案例，以帮助你理解在DBT中个体会谈议程将如何设置。请注意，来访者指导指的是来访者可以在需要时参考的罗列情绪的讲义。你会在第9章找到这份讲义。请随意复印工作表和讲义，以便在实践中使用。

行为监测表的完成指令

（1）情绪：在这一栏，填写你今天感受到的情绪的名称，无论是积极的还是痛苦的。如果你不确定你感受到的情绪的名称，你可以参考罗列情绪的单独讲义。

（2）强烈程度：在这一栏中，给你在"情绪"一栏中写下的每一种情绪打分。你可以在线上画一个X或其他符号来表示这种情绪有多强烈，或者你可以写一个从1（最轻微的情绪）到5（非常强烈的情绪）对情绪进行评分。

（3）冲动：在这一栏，持续监测所有与自杀或自残有关的冲动；还有两个空白处，你可以填写你一天中的任何其他冲动（例如，使用药物或酒精，呕吐或使用泻药，或打某人）。如果你经历了两次以上的冲动，你可以使用第二张行为监测表，写在另一张纸上，或者记在行为监测表之后的"本周行为监测表记录"上。

（4）强烈程度：再次使用从1（最小的冲动）到5（非常强烈的冲动）的等级来评定"冲动"一栏中每个冲动的强烈程度。

（5）行为：持续监测任何自杀尝试或自残行为。如果你试图自杀或你以某种方式伤害了自己（例如，割伤或烫伤自己或用头撞墙），写下你这样做了多少次。有两个空白处供你持续监测你参与的其他目标行为。

（6）你是否使用了技能？圈出"是"或"否"，表明你是否使用了某项技能。你觉得有没有用并不重要。

（7）如果是的，那么你使用了哪一项呢？记下你使用了什么技能，如果有的话。

（8）这项技能有效吗？圈出"有"或"无"，以表明你是否认为该技能有所帮助。

（9）如果没使用的话，为什么不呢？如果是这种情况，解释为什么你没有使用技能。例如，你忘了吗？你无法想到一个可以使用的技能吗？你是否想到了一项技能却懒得尝试使用它？

（10）本周行为监测表记录：在这里，你可以记下任何你想在会谈过程中谈论的发生过的事件。记下你每天感受到的情绪和冲动（例如，它们是否与特定情况有关）以及你使用的技能也是一个好主意。请记住，我会经常想和你详细讨论发生了什么，所以本周行为监测表记录是一个做记录的好地方，有助于唤起你对发生了什么的记忆。

表 2-1　行为监测表

姓名：　　　　　　　　　　　　　　　　　月份：

星期一	情绪 □ □ □ □	强烈程度 1……5 1……5 1……5 1……5	冲动 □自杀 □自伤 □ □	强烈程度 1……5 1……5 1……5 1……5	行为（次数） □自杀意图 □自伤 □ □
	你是否使用了技能？　是　否　如果是的，那么你使用了哪一项呢？ 这项技能有效吗？　　　有　无　如果没使用的话，为什么不呢？					
星期二	情绪 □ □ □ □	强烈程度 1……5 1……5 1……5 1……5	冲动 □自杀 □自伤 □ □	强烈程度 1……5 1……5 1……5 1……5	行为（次数） □自杀意图 □自伤 □ □
	你是否使用了技能？　是　否　如果是的，那么你使用了哪一项呢？ 这项技能有效吗？　　　有　无　如果没使用的话，为什么不呢？					

（续）

星期三	情绪 □ □ □ □	强烈程度 1……5 1……5 1……5 1……5	冲动 □自杀 □自伤 □ □	强烈程度 1……5 1……5 1……5 1……5	行为（次数） □自杀意图 □自伤 □ □
	你是否使用了技能？　是　否　如果是的，那么你使用了哪一项呢？ 这项技能有效吗？　　有　无　如果没使用的话，为什么不呢？				
星期四	情绪 □ □ □ □	强烈程度 1……5 1……5 1……5 1……5	冲动 □自杀 □自伤 □ □	强烈程度 1……5 1……5 1……5 1……5	行为（次数） □自杀意图 □自伤 □ □
	你是否使用了技能？　是　否　如果是的，那么你使用了哪一项呢？ 这项技能有效吗？　　有　无　如果没使用的话，为什么不呢？				
星期五	情绪 □ □ □ □	强烈程度 1……5 1……5 1……5 1……5	冲动 □自杀 □自伤 □ □	强烈程度 1……5 1……5 1……5 1……5	行为（次数） □自杀意图 □自伤 □ □
	你是否使用了技能？　是　否　如果是的，那么你使用了哪一项呢？ 这项技能有效吗？　　有　无　如果没使用的话，为什么不呢？				
星期六	情绪 □ □ □ □	强烈程度 1……5 1……5 1……5 1……5	冲动 □自杀 □自伤 □ □	强烈程度 1……5 1……5 1……5 1……5	行为（次数） □自杀意图 □自伤 □ □
	你是否使用了技能？　是　否　如果是的，那么你使用了哪一项呢？ 这项技能有效吗？　　有　无　如果没使用的话，为什么不呢？				
星期日	情绪 □ □ □ □	强烈程度 1……5 1……5 1……5 1……5	冲动 □自杀 □自伤 □ □	强烈程度 1……5 1……5 1……5 1……5	行为（次数） □自杀意图 □自伤 □ □
	你是否使用了技能？　是　否　如果是的，那么你使用了哪一项呢？ 这项技能有效吗？　　有　无　如果没使用的话，为什么不呢？				

表 2-2　本周行为监测表记录

星期一
星期二
星期三
星期四
星期五
星期六
星期日

案例：卡门

卡门的案例将有助于演示如何为个体治疗设定议程。卡门，一个 20 岁的女性，由她的缓刑监督官送来。她被诊断患有抑郁症和伴有惊恐发作的广泛性焦虑障碍，并且在过去两年中一直在使用违禁药物。她可能还因开始吸毒后发生的不同事件而出现创伤后应激障碍症状。卡门一直和她的男朋友住在一起，他也是一名吸毒者，他们之间的一场争吵导致卡门被指控犯有袭击罪。她被判处两年缓刑，并且不允许回到男友的公寓。当我们开始一起工作的时候，卡门住在一个妇女收容所，接受社会援助。

卡门经常有自杀的想法，但从未尝试过，并反复告诉我，她不想死。然而，她有自残史。她第一次见到我时，便告诉我，她割伤自己已经有八个月了。她也减少了她的药物使用，但仍然没能停用。这通常会导致与陌生人发生性关系。她经常饮酒，每周至少三至四次，并且意识到她的饮酒经常导致使用毒品的冲动，但她对停止甚至减少饮酒持矛盾态度。

卡门从大约15岁开始就一直在看心理医生，并告诉我她定期服药，但她的焦虑一直是一个问题。当她在评估时经常出现惊恐发作，并发现喝酒通常有助于她感到平静，也有助于她减轻低自尊和无价值感。卡门说她并不真的有朋友，虽然她确实和一群人一周去两次酒吧。

在我们的第八次会谈中，卡门几乎晚了十分钟才到我的办公室，并给了我她的行为监测表。监测记录显示她没有任何自杀尝试，但是自从我们上次会谈以来，她的自杀想法从2分增加到了4分，她的自残冲动从3分增加到了4分。她的饮酒量保持不变，而且在过去的一周中，她曾吸食过一次毒品。根据监测表中的所有信息，以下是我如何组织与卡门的会谈的（请注意，这不包括对如何处理这些行为的深入讨论）：

（1）妨碍生命的行为：因为卡门没有记录任何自杀行为，我们先看她的自杀想法。因为这些想法最近增加了，我们需要用行为分析确认一下。接下来，我们要看自残冲动的增加。我们不需要在这里做一个完整的行为分析，因为其增加的原因和自杀想法增加的原因是一样的。

（2）妨碍治疗的行为：卡门的会谈迟到了10分钟，这妨碍了她从治疗中获得最大收益的能力，所以我们接下来处理这个问题。

（3）妨碍生活质量的行为：第一，卡门仍然住在临时住所（一个迫在眉睫的问题），所以我们需要努力稳定她的住房状况，以确保她可以继续接受治疗。第二，我们之前已经确定她吸毒几乎总是导致自杀想法的增加，也导致进行其他自毁行为，例如与陌生人发生不安全的性行为，这对她的健康是一种威胁，所以我们接下来查看她的吸毒情况。如果会谈中有更多的时间，我们接下来可能会看一下卡门的焦虑，因为这似乎是她最终酗酒的原因之一。由于卡门没有将减少饮酒作为目标，所以这没有被提上议程。然而，这在今后的会谈中出现了；我继续指出喝酒是如何妨碍了她的生活质量，以及这与她吸毒和其他问题的联系。

当然，技能训练贯穿整个过程，所以我们不是简单地分析行为而不去尝试对其做些什么。

一旦目标行为得到控制，来访者就准备进入阶段2。如前所述，本书的重点是阶段1，因此对其余阶段的讨论将会很简短。

阶段2：降低创伤后应激

DBT并不关注创伤后应激障碍的症状，直到来访者掌握了必要的技能。当来访者经常进行或体验自杀、自残、物质使用和其他自毁行为的冲动时，他们不仅没有准备好，而且进行这些工作实际上是不安全的。当然，正如莱恩汉（1993a）指出的，这并不意味着患者的创伤史在阶段1被忽略。如果来访者在会谈中提出这些问题，治疗师认可来访者经历的痛苦和煎熬，但重点仍然聚焦在当下——创伤可能如何导致问题行为，以及来访者可以用哪些技能来帮助减少这些行为。

在阶段2，这种情况发生了变化。创伤成为焦点，暴露疗法被用来从情感上处理过去的创伤。斯韦尔斯和赫德（2009）指出，因为不是所有的来访者都有创伤史，阶段2也可聚焦于与来访者的情绪失调和随后缺乏人际交往技能相关的负性关系体验。虽然这些可能不是不稳定的体验，但如果不解决，它们会导致持续的痛苦和问题行为。

阶段3：提高自尊和实现个体目标

在阶段3，目标变为帮助来访者努力信任、重视和尊重自己，并继续将他们在治疗中学到的技能推广到生活的其他方面。莱恩汉（1993a）指出，来访者以非线性方式在不同阶段之间移动并不罕见。例如，从阶段1移动到阶段2，回到阶段1，然后跳到阶段3，等等。她还强调需要时进行休息的重要性。例如，在从已经完成阶段 1 工作的相对稳定状态移动到开启阶段 2 的创伤治疗工作之前。

小　结

本章介绍了在个体会谈中开始使用 DBT 时需要了解的内容：DBT 对来访者的假设，观察限度的指导方针，以及为来访者做顾问，所有这些都有助于减少治疗师的耗竭，增加与来访者一起工作的动力。本章还研究了 BPD 治疗阶段的治疗结构。在下一章，你将学习行为理论的基本概念，你需要知道这些以有效地向来访者提供 DBT。我还将详细讨论行为分析，它用于对问题行为进行深入分析。

第 3 章

DBT 中的 "B"：
你需要了解的行为理论

在 DBT 中，人们非常重视 "B"（Behavior）——治疗的行为方面。在这一章中，为了成为一个更称职的 DBT 治疗师，你将学习一些你需要了解的行为理论的基本概念。我们还将仔细研究行为分析，这是一种详细分析问题行为的结构化方法，这样你可以学到更多相关知识，并且可以更有效地帮助来访者停止进行问题行为。

定义行为的概念

正如你将在第 4 章看到的，沟通是我们治疗师影响来访者的一种方式；然而，重要的是要记住，我们所说的只是我们影响他们的一种方式。事实上，我们做的每一件事，我们做事情的方式，以及我们如何表达我们想说的都会对来访者产生影响，如同一般的关系一样。因此，熟悉行为理论的一些关键概念是很重要的。[对行为理论更彻底的讨论超出了本书的范围；如果你想在这个主题上进一步阅读，《人类行为的基础知识》(*The ABCs of Human Behavior*) 是一个很好的起点，见 Ramnerö & Törneke，2008。] 让我们从一些在 DBT 背景下很重要的概念的简短定义开始，并讨论如何在个体 DBT 会谈中使用这些概念。

强化

强化一种行为指的是在某种程度上使这种行为更有可能再次发生。有不同的方法可以做到这一点：主要通过正强化、负强化和间歇强化。

正强化

在正强化的情况下，被视为是正面的事情发生在个体进行了某种行为后。虽然奖励是一种明显而直观的正强化形式，但其动态可能更加微妙和复杂。例如，假设一位来访者最近要求你更频繁地去与他会面进行治疗，而你拒绝了这一请求，声明你每周只见一次来访者。然后，来访者试图自杀并住院两周，在住院期间，他联系你并再次要求你当下每周与他会面两次帮助他度过这次危机。如果你同意了，你通过给他一些他想要的东西作为自杀行为的结果，为他的自杀尝试提供了正强化。

负强化

不要让"负强化"这个术语欺骗了你。它和惩罚无关。它仍然是一种强化，但在这种情况下，是通过带走人们厌恶的东西来实现的。在其他方面，换句话说，负强化一个行为意味着在某个行为发生后，这个人觉得不愉快的东西被消除了，这使得这个人在未来更有可能进行同样的行为，以再次消除不愉快的体验。

假设一个来访者在讨论他的割伤行为时变得焦虑和羞愧。当你试图分析他上周为什么割伤自己时，他开始对你大喊大叫，并威胁要离开会谈。如果你态度缓和，同意改变话题，你就带走了不得不讨论来访者自残行为的令人厌恶的体验，从而负强化了来访者。

间歇强化

在间歇强化中，正强化或负强化只是偶尔发生，而不是每次行为发生时都发生。这事实上是最有效的强化行为的方式之一，因为这个人永远不知道他什么时候会被强化，如纸牌玩家不时地拿到一手好牌。

假设这位来访者的伴侣最近和他分手了。他难以接受这一点，每天都给她打电话。大多数情况下，她不接他的电话，但偶尔也会妥协，和他说话，即使只是再次表明关系已经结束。这种偶尔回他电话的间歇强化让他持续定期给她打电话，希望她会再次回应。

强化的一些指导方针

关于强化，有几个要点需要记住。第一点，强化物因人而异。一个人觉得厌恶或能获得回报的东西可能对另一个人有不同的作用。例如，一个来访者可能喜欢在会谈之外谈论他的自残，因为他知道这会引发其他人诸如惊讶、感兴趣，甚至厌恶的情绪，另一个来访者可能会感到羞愧，并竭尽全力隐藏任何自残的迹象。因此，对于特定的来访者来说，了解什么是令人厌恶的，什么是强化的是很重要的。

要记住的第二点是，仅仅因为你认识到你可能在强化一种你不想要的行为，并不意味着你不应该按照你想的那样行动。它只是给你提供了更多需要考虑的信息，这可能会让你在行动前设定严格的限度。例如，在被拒绝进行额外会谈后试图自杀的来访者的例子中，你可能会同意来访者的确需要一些额外的支持，你可能会决定在短时间内灵活变通每周一次的限度。你这样做完全没问题，但是你可能想明确地告诉来访者，你改变主意不是因为他的自杀尝试，而是因为你之前没有意识到他处在怎样的痛苦之中。你可能也想建立新的限度，比如明确你愿意在多长时间内更频繁地与他会面，并确定如果出现另一次自杀尝试，是否会有某种后果（例如会面恢复到每周一次）。

后果

"后果"一词指的是早先发生的事情的影响、结果或结局。当我们看一个人行为的后果时，我们会问这个人做出某个行为之后发生了什么。后果有两种主要类型：消极后果和积极后果。

消极后果

最常见的是，我们从消极结局的角度考虑后果：来访者停止用药，然后开始经历情绪不稳定和自杀想法，并做出鲁莽的行为，如酒后驾车。一位单身母亲试图自杀，被强制送入医院，她的孩子被保护性监护。虽然关注一个人行为的消极后果是很重要的，同样重要的是要记住，积极后果往往也是存在的。

积极后果

如果你记住后果仅仅是之前发生的事情的结局，就更容易理解后果不一定是消极的，尽管这样想很常见。后果也可以是积极的。

让我们用以前的例子来看看：停止药物治疗的来访者不再需要忍受体重增加和持续感到疲劳的副作用。那个试图自杀者得到了她作为一个收入有限的单身母亲原本无法得到的照顾和支持。虽然治疗师通常很擅长帮助来访者看到他们行为的消极后果，但他们往往会忘记，积极的后果也会维持问题行为。（我将在本章后面更详细地讨论这一点。）

当然，功能性行为也有后果，如果来访者体验到这一点，并因为以健康的方式行事而获得正强化，这是有帮助的。例如，一个来访者告诉他的母亲他感觉失去了对情绪的控制，进而从母亲那里得到了积极的情绪支持。

塑造

通过强化那些接近期望行为的行为，你可以塑造一个人的行为。例如，杰里米，一个 18 岁的年轻人，因为袭击了他的前女友处于缓刑期间。他回到父母家中居住，一直在愤怒中挣扎，经常捶墙，对父母大喊大叫和咒骂。如果他打算继续和他的父母住在一起，他需要把他的愤怒引导至别处。杰里米与治疗师达成一致，只要他开始感到愤怒，他就会离开这种情境，去他在地下室的卧室，在那里他可以大喊大叫。（他父母知道这个计划，也同意不打扰他。）他在地下室设置了一个沙袋，这样他就可以用它来发泄他的愤怒，地下室里面还有一堵混凝土墙，他可以将枕头和其他不易碎的物品扔到上面来帮助缓解他的愤怒。

当杰里米报告说他不再拿父母出气时，我以正反馈的形式给予了强化。然后我们建立了一个奖励体系，如果杰里米一整天都没有拿父母出气，他可以奖励自己，之后我们逐渐把奖励的时间范围扩展至一周。这样，我帮助塑造了杰里米的行为，使之更接近我们想要达成的目标。从那里开始，我帮助杰里米减少了他对这些表达愤怒的新途径的需求，并找到了更健康的表达情绪的方式。

榜样作用

从本质上说，榜样作用就是展示一种行为，让别人去模仿。在 DBT 中，在会谈中示范技能的使用对治疗师来说是很重要的。例如，当你和一个愤怒的、大声说话的、指指点点的来访者坐在一起时，你通过轻声说话、保持平静和冷静来树立榜样。当然，对于治疗师来说，在会谈过程中体验到情绪是很自然的，但如果你变得愤怒，并对来访者大喊大叫或要求他离开，你就没有树立一个好的榜样。如果我们自己都不使用这些困难的技能，我们怎么能要求我们的来访者去努力呢？

当治疗关系需要修复时，一个绝佳的为技能树立榜样的机会出现了。你可能还记得在本书的介绍部分中，莱恩汉（1993a）主张治疗师是会犯错的。如果你搞砸了，向来访者道歉。当你犯了错误时，承认它。承认你的感情受到了伤害，或者当来访者因为某些事情责备你时，当他连续第三周没有完成家庭作业时，你感到失望。记住你也是人，因此这是人与人之间的关系。牢记这一点并在行为中体现你是人类这一点（尽管是一个很有治疗技能的人类！），这将帮助你树立起希望来访者学习的行为的榜样。

当然，来访者也通过模仿他人来学习行为，不幸的是，这意味着他们不会总是模仿健康的行为。在这种情况下，如果来访者意识到他们学会这种行为的来源，将会有所帮助，这样他们就可以选择是继续这种行为还是学习一种新的行为方式。

应变管理

应变（contingency）是指两个事件之间的关系，如果其中一个事件发生，另一个事件更有可能发生。例如，如果治疗师从以前的经历中了解到如果他取消与来访者的会面，来访者很可能会经历情绪困扰，并做出某种自毁的行为，这就是一种应变。

在DBT中，应变程序是基于这样的假设，即一个行为的后果将影响人们选择再次进行该行为的概率（Linehan，1993a）。应变管理，就是利用治疗的应变使来访者受益（Linehan，1993a）。换句话说，治疗师必须意识到他们的行为是如何可能影响特定的来访者，这样他们不会无意中强化不想要的行为，或惩罚或忽视去强化期望的行为。因此，如果之前提到的治疗师知道他的来访者可能会因为他不得不取消他们的会面而做出自毁的行为，他可以试图通过建立一个限度来管理这种应变情况，即如果来访者进行自我伤害，他将在一段时间内不会接听来访者的额外电话（因为接额外电话会对自伤行为提供正强化）。如果额外的电话联系是一种正强化，来访者不太可能进行自伤行为。

当然，治疗师还可以提前做其他事情来帮助来访者不进行自伤行为，比如安排来访者第二天会面，指导来访者运用痛苦耐受技能，并通过告诉来访者他能理解这有多困难为来访者提供大量的认可。

拉姆纳罗和特内克（2008）指出，有时人们会质疑通过这些步骤故意试图影响一个人的行为的道德价值。然而，他们也指出，治疗师仅仅是与来访者一起待在房间里就会影响后果，如果我们为了不影响来访者而试图离开这个场景，我们只是在创造另一种环境，这仍然会影响来访者。换句话说，既然我们的在场不可避免地会影响来访者，为什么不利用这一点，通过有目的地进行增加积极结果概率的行为，从而使来访者获益呢？

让我们来看一个例子：珍妮弗，一位全职妈妈，社会功能受到影响，在早上送女儿去上学后便回家睡觉。她睡到中午，然后变得非常焦虑，希望在家人回家之前把房子收拾好，把晚饭做好。为了减少这种焦虑并帮助珍妮弗更有效能感，我们为她设定了送女儿去学校后不回家睡觉的目标。我知道珍妮弗重视我们的关系，当我认可她时，她发现这种关系在正强化，所以这里的应变是如果我认可她，她将更有可能在未来再次进行我认可的行为。因此，当她来到我们的下一次会谈，告诉我她在过去五天中的三天里都完成了目标时，我认可了她，告诉她考虑到她目前正在经历的抑郁的严重程度，我知道这对她来说有多困难，并祝贺她部分成功。然后我们转向解决问题，看看在接下来的一周里我们还能做些什么来提高她的成功率。

然而，如果我知道珍妮弗讨厌认可的话（就像某些来访者那样），我不会提供同样程度的认可。重要的是，我仍然在一定程度上认可她，因为她需要学会接受认可，并在未来为自己提供这种认可。但是如果我做得太过了，我的认可将会变成一个消极的后果，实际上可能会阻止她在未来有效地行动。所以我需要知道我的行为会如何影响她的行为，然后根据她的偏好，通过一点点或很多认可来管理这种应变。这样，我可以增强她将来会再次做出期望的行为的可能性。

问题解决的策略：行为分析

完成对目标行为的全面分析是解决问题或停止目标行为的第一步。在你采取措施消除问题行为之前，你必须先理解它。

我提供了一份行为分析表，可以帮助你和来访者全面分析问题行为：是什么因素让他容易做出这种行为？行为的诱因或诱发事件是什么？在诱因出现和他实际做出这种行为之间发生了什么事件（无论多么小）？做出这种行为的后果是积极的还是消极的？在关注后果的时候，记得把重点扩展到积极的结果。大多数来访者都知道他们行为的消极后果是什么，但他们很难用这种认识来帮助他们停止做出那种行为。着眼于积极的结果——来访者可以从行为中得到的——可以帮助他们获得更多的洞察力和觉知，明白为什么尽管这种行为会造成伤害，他们还是会继续做出这种行为。

然后，你可以使用表格中的解决方案分析部分来帮助你和来访者寻找可能的方式来防止这种行为在未来再次发生：他可以做些什么让自己不那么容易体验做出这种行为的冲动？他能做些什么来避免诱因吗？在未来，他能在哪里运用技能进行干预，这样最终结果就会不再是问题行为？他现在需要做些什么来弥补已经造成的伤害吗？

当问题行为发生时，你可能倾向于进行语言分析（verbal analysis）⊖，问一些诸如"是什么诱发了冲动""你做了什么来试图阻止它吗"和"从你感觉被诱因影响到你真正由于冲动而行动，两者之间发生了什么"的问题，然而，在治疗的开始或新的问题行为出现的任何时候，都应写下来访者的行为分析以确保考虑到了所有的因素（Linehan，1993a）。

行为分析最初应由治疗师和来访者一起完成，以确保来访者理解如何完成它。这样做的目的是当问题行为发生时，来访者能学会如何自己进行全面而准确的行为分析，或至少你们双方都能很好地理解这些行为为什么

⊖ 指对受到他人强化的行为进行分析。——译者注

以及如何发生。

莱恩汉（1993a）指出，大多数治疗错误都是基于错误的评估，这会导致对行为及其发生原因的不准确理解。因此，她建议当完成行为分析时，治疗师带领来访者经历一遍情境，对导致行为和在行为之后的一系列事件进行全面的描述。

这里有两个样本行为分析表（见表3-1和表3-3）以及解决方案分析表（见表3-2和表3-4），后面是空白版本（见表3-5和表3-6），你可以复印下来并与来访者一起使用。

表 3-1　样本行为分析表（一）

表格填写日期：2012 年 5 月 24 日　　　　　　　　问题行为日期：2012 年 5 月 23 日
问题行为的链式分析

我所分析的**问题行为**是？ 自杀未遂
自身或者环境中的什么因素会让我更**容易**进行问题行为？ 睡眠不足导致情绪高涨
环境中的什么诱发事件引发了我的问题行为链条？ 和罗伯（我的配偶）吵架。
在诱发事件和问题行为之间的链条里存在哪些**环节**？（要非常具体和详细地描述诱发事件和行为之间发生了什么。） 我和罗伯争吵了。我走进卧室，躺在床上，开始哭了起来。我在想生活有多糟糕，开始记起上次我们吵架之后三天没说话。我不想再经历一次，决定自杀。我下了床，锁上卧室的门，然后我对罗伯大喊道他会后悔。我开始感到高兴，因为这是我能够报复他的一种方式，同时我也希望他会来道歉，让事情变得更好些。我走进浴室，罗伯走过走廊，问我在做什么。我在门口听了一会儿他的动静，然后走进浴缸，故意割伤了自己。罗伯开始敲门并呼喊我，但我不回答他。几分钟后，他破门而入，然后跑进浴室。他脸上惊恐的表情让我感到抱歉。他来到浴缸前，拥抱了我。他告诉我他很抱歉，他爱我，一切都会好的。他走进卧室，打了911，然后他回到浴室，帮我从浴缸里出来，把毛巾绕在我的手腕上，帮我穿衣服。救护车来了，他和我一起去了医院。
记住，后果可能是即时的，也可能是延迟的，回答以下关于你的行为的问题： 1. **消极后果**是什么 我在医院待了两个星期，无法工作。我对我所做的自残行为感到内疚和绝望。 2. **积极的结果**是什么 和罗伯的吵架结束了，他道歉了，并照顾了我。我在医院休息了两个星期，并被介绍给一个DBT治疗师。

表 3-2 解决方案分析（一）

未来减少我容易做出问题行为可能性的方式： 保持更健康的睡眠习惯。
防止刺激事件再次发生的方法。（你不一定总是能控制它，但是看你能想出什么点子。） 我知道我不能阻止和罗伯的争吵，但是也许练习我的人际效能技能会减少争吵。希望通过练习这些和其他技能，未来我不会这么容易被诱发因素影响，并学会更有效地应对。
改变从诱发事件到问题行为的链条里各项环节的方法。（你如何中断链条中的环节，这样下次你就不太可能做出问题行为？） （1）当我感到非常沮丧和愤怒时，我需要停止孤立自己，而不是离开罗伯身边。我需要告诉他我的感受并寻求帮助。 （2）当我注意到自己在思考我们上一次的争吵时，我本可以练习正念而不是允许自己沉湎于过去，担忧未来。 （3）我需要更多地运用我的人际效能技能去寻求我想要或需要的东西，而不是试图去通过伤害自己来满足自己的需求。 （4）当我第一次有自杀的冲动时，我本可以使用我的痛苦耐受技能，而不是任由自己在冲动的驱使下去行动。
你需要做些什么来**弥补或修复**问题行为造成的伤害吗？ 我需要为了我想自杀且把他吓坏向罗伯道歉。

表 3-3 样本行为分析表（二）

表格填写日期：2012 年 7 月 15 日　　　　　　　问题行为日期：2012 年 7 月 15 日
问题行为的链式分析

我所分析的**问题行为**是？ 暴食
自身或者环境中的什么因素会让我更**容易**进行问题行为？ 不吃早餐和午餐
环境中的什么诱发事件引发了我的问题行为链条？ 我和我的团队领导在工作上意见不合。因为没有吃早餐和午餐，我已经感到饿了，然后我开车经过了一家甜甜圈店。
在诱发事件和问题行为之间的链条里存在哪些**环节**？（要非常具体和详细地描述诱发事件和行为之间发生了什么。） 我做了一些我认为对我的团队领导会有帮助的事情，但是当她发现时，她斥责了我，并告诉我我不应该这样做。我感到意志消沉和沮丧，好像我永远也做不好任何事情。我不能向她表达这一点，因为我太焦虑了。我离开了这个场景，觉得自己很无能，因为我没有坚持自己的观点。我回到办公室，收拾好自大的东西。当我离开的时候，我想起了我之前几次在和我的团队领导相处时也有过的这种感觉，沉浸在我的团队领导不喜欢我的事实中，我敢肯定她是想让我辞职。我开始感觉更加沮丧，因为有时我觉得我想退出，但我无法负担退出的代价。我开始为我的未来而担忧，想知道她会不会在某个时候想办法解雇我。下班的时候，我一直在想这些事情。在我通常回家的路上，我经过一家甜甜圈店。我决定在糟糕的一天之后，应该吃些美食犒劳自己。我决定使用免下车服务，以防我认识的人在店里面。我点了一打甜甜圈，在我开车回家的路上就开始吃。在到家的半个小时内，我已经吃了一半。我把剩下的带回了家。我喂了狗，然后打开电视看新闻，一边看电视一边把剩下的六个甜甜圈吃完了。

（续）

记住，后果可能是即时的，也可能是延迟的，回答以下关于你的行为的问题：
1. **消极后果**是什么
　　那天晚上和第二天早上，我感到身体不适。我为再次暴食感到内疚，而且第二天我重了两磅[⊖]。还有我在甜甜圈上花了差不多10美元，是我难以承担的消费价格。
2. **积极的结果**是什么
　　我暂时从自己的情绪中解脱出来。我不必给自己做晚饭，而当时我真的不想做，而且甜甜圈味道不错！

表 3-4　解决方案分析（二）

未来减少我容易做出问题行为可能性的方式：
　　我知道不吃饭是一个很大的诱因，所以我需要确保我吃早餐和午餐。我也需要保持努力变得更加自信，这样在这些互动之后我会对自己感觉更好。

防止刺激事件再次发生的方法。（你不一定总是能控制它，但是看你能想出什么点子。）
　　我无法预见我的团队领导会同意或不同意什么，所以我不知道如何阻止她再次斥责我。但我知道我需要努力维护自己，这样当她斥责我的时候，我就可以为自己辩护，至少我对这种处理情况的方式感觉好些。

改变从诱发事件到问题行为的链条里各项环节的方法。（你如何中断链条中的环节，这样下次你就不太可能做出问题行为？）
　　（1）当我的团队领导斥责我时，我可以更多地为自己辩护。在这种情况下，我可以告诉她我的视角所看到的，解释说我认为我是有帮助的。
　　（2）与其让自己纠结于之前几次也发生过的事情并开始担心未来，我可以用正念帮助自己防止情绪增强。
　　（3）我可以走另一条不经过甜甜圈店的路回家。
　　（4）如果我去商店，我可能会少买些甜甜圈，因为我担心别人会怎么想。
　　（5）我可以坐在停车场或等我回到家的时候再有意识地吃，而不是一边开车一边吃，这样我就不会无意识地吃，而且可能会有更多的控制力。
　　（6）当我回到家，停止进食并去喂狗，这样我可以试着接近我的智慧自我，而不只是允许自己想都不想就回到吃东西上去。
　　（7）我可以一次只做一件事来让自己摆脱自动导航，而不是一边看电视一边吃东西。这样我可能会更快停止进食。

你需要做些什么来**弥补或修复**问题行为造成的伤害吗？
　　不需要，我仅仅是暴食的时候让自己感到失望而已。

⊖　1磅约等于0.4536千克。——编者注

表 3-5 样本行为分析表（空白）

表格填写日期：　　　　　　　　　　　　问题行为日期：
问题行为的链式分析

我所分析的**问题行为**是？
自身或者环境中的什么因素会让我更**容易**进行问题行为？
环境中的什么诱发事件引发了我的问题行为链条？
在诱发事件和问题行为之间的链条里存在哪些**环节**？（要非常具体和详细地描述诱发事件和行为之间发生了什么。）
记住，后果可能是即时的，也可能是延迟的，回答以下关于你的行为的问题： 1. **消极后果**是什么 2. **积极的结果**是什么

表 3-6 解决方案分析（空白）

未来减少我容易做出问题行为可能性的方式：
防止**刺激事件**再次发生的方法。（你不一定总是能控制它，但是看你能想出什么点子。）
改变从诱发事件到问题行为的链条里各项环节的方法。（你如何中断链条中的环节，这样下次你就不太可能做出问题行为？）
你需要做些什么来弥补或修复问题行为造成的伤害吗？

将认可作为行为分析的一部分是非常重要的。我将在下一章对认可进行详细讨论，所以现在请记住，完成行为分析对来访者来说通常是痛苦的，尤其是在治疗刚开始的时候。我们可以通过让他们知道我们理解他们的情绪，甚至是问题行为，从而让这件事不那么令人反感。这样，我们可以在促进改变之前推动接纳。

大量的注意力应该放在解决方案分析上：帮助来访者想出减少这种行为再次发生的可能性的方法。帮助他们查看链条中的每个环节。一旦他们学会了一些 DBT 技能，你会在他们本可以做得不同的地方，以及在这种冲动下一次出现时他们可能会用技能进行干预的地方有更多的选择。

有趣的是，行为分析本身也能起到消除问题行为的作用。如果来访者觉得做行为分析令人反感，他们可能会意识到这将是一个不可避免的行为后果。因此，为了避免不得不完成一次行为分析的不适感，他们可能决定不依照冲动行事！

小　结

现在你已经对 DBT 里最重要的行为概念有了基本的了解，我们将开始学习在个体会谈中使用的一些其他策略。下一章将概述个体会谈中使用的一些具体的 DBT 策略和工具。虽然莱恩汉博士（1993a）的治疗最初是为患有 BPD 的来访者设计的，但这些策略可以应用于其他来访者，你可以选取其中最有效的那些策略，这取决于和你一起工作的来访者的特点。

第 4 章

个体会谈的 DBT 策略

在这一章里,我将通过阐述与来访者沟通的不同风格,继续讨论进行个体 DBT 会谈时你需要知道的事情,包括认可(validation)的重要性。接下来,我将关注一些能帮助你平衡认可及推动来访者改变的辩证策略。之后我将讨论目标设置和家庭作业的重要性,并提出一些关于治疗关系的考虑,包括让来访者对治疗结束做好准备的一些想法。

沟通风格

在 DBT 中,有许多策略可供选择,以至于很难确定从何开始。但是,无论我们使用哪种策略,与来访者沟通、交谈都是一件我们持续不断进行着的事情,那么就让我们从这里开始。在 DBT 里,莱恩汉(1993a)利用了两种特定的交谈方式:互动(reciprocal)和冒失(irreverent)。

互动沟通

互动沟通(reciprocal communication),意即与来访者分享:在互动中给予和接受，保持温暖且真诚，平等地对待来访者。这包括通常引起争议的治疗师自我暴露策略。

治疗师的自我暴露

卡鲁（2009）将自我暴露定义为向来访者告知与治疗师个人信息相关的内容，并强调该策略仍具有争议。根据你以前的受训内容，自我暴露可能是违反直觉的，甚至是可怕的。在更传统的治疗方法中，治疗师与来访者分享个人信息的行为被认为是不恰当的。相反，学界认为治疗师应当保持中立，为来访者提供一块需要的"白板"，以便解决问题。

然而，认为治疗师的自我暴露可能会有帮助的观点，也并不新鲜。例如，贝克、弗里曼及其同事（1990）认为，治疗师的自我暴露在 CBT 中占据了一席之地，也就是通过向来访者暴露一些个人性的回应，治疗师可以在安全的治疗关系内，帮助来访者理解他们对其他人产生的影响。沿着这个思路，卡鲁（2009）强调当来访者在与他人分享个人经历方面缺乏经验时，CBT 治疗师经常使用自我暴露作为鼓励来访者进行互动的一种方式。

治疗师的自我暴露同时也得到了人本主义治疗的支持，被认为是与来访者建立可靠关系的一种方式。例如，卡尔·罗杰斯（1961）认为，当治疗师能简单地做自己，而不是在来访者面前装一道幕墙时，治疗关系会变得更真实。

与其他治疗方法相比，DBT 更是如此。在 DBT 中，稳固和积极的治疗关系非常重要。莱恩汉（1993a）强调，许多 DBT 策略的有效性都依赖于治疗关系的稳固度和真实度。除此之外，有时治疗关系将成为帮助治疗师与来访者维持治疗联盟的重要因素，尤其是当治疗师的回应可能会被认为是指责或放弃与来访者的治疗时（Linehan，1993a）。

莱恩汉（1993a）强调，在 DBT 中，自我暴露有许多功能：它可以被用来认可或正常化来访者的体验（例如治疗师可能分享他曾经有过类似的情况并有过相同的感受);解决问题(例如治疗师可能披露他过去试图处理类似问题的解决方案);或者通过示范如何进行自我暴露,教授来访者如何用一种恰当的方式分享自身经历。

当治疗师使用自我卷入式的自我暴露,揭示他对来访者行为的回应时,治疗师自我暴露也被用作暴露治疗和应变管理(Linehan,1993a)。这种类型的自我暴露里,治疗师将识别他自身对来访者的内在反应,并对此与来访者坦诚地进行沟通。一个常见的例子是,一名来访者没有按时完成他的行为记录表。作为回应,治疗师可能会说:"我理解完成记录表可能会很痛苦,但是你说你能理解它们有多么重要。每次你来到这里时,表格都没有完成,我感觉到与你一起工作的动力减少了。"

自我暴露指南

这里必须要强调的一点是,你必须将认可和自我暴露结合使用,尤其是在使用自我卷入式的自我暴露时。记住这二者之间辩证的张力:你不能只是推动改变;你需要接纳来访者本来的样子(认可),同时推动改变发生。

我们还需要记住,即便自我暴露有时是有帮助的甚至是必需的,我们必须保持对来访者和治疗关系的思考,包括什么会是最有帮助的以及什么可能是有害的。莱恩汉(1993a)提醒我们,我们决定向来访者暴露的内容,必须始终基于那些会是最有帮助的内容,以及基于暴露内容和当下讨论主题的相关性。例如,我的一个来访者有一段漫长的暴食症病史,我们已经在个体会谈中针对这个影响她生活质量的行为有规律地工作了很久。最近,这名来访者询问我是否也曾经在饮食问题上挣扎过。我知道她是在寻找一些安慰,同时也希望她可以成功减少暴食行为,我告诉她我的确在过去的人生中有一段时间一直和我的体重做斗争,且成功控制了它。我还告诉她我是一个巧克力迷,所以理解她进食的欲望。我分享了一些曾经对我有用的技巧,接下来我们继续寻找了更多可以帮助她解决这些问题的技巧。

我的自我暴露有一个特定的目的：对来访者来说，听到一些他仰慕的人曾经有过和他相似的挣扎，这非常具有认可意义，同时，让他知道我理解且有过类似的经历也帮助强化了我们的关系。当然，这里有一个辩证的难题：作为治疗师，我们需要在自我暴露和观察我们的限度之间取得平衡。假如，如果我曾经有过进食障碍，而且它曾让我非常不舒服，即便它可能对来访者有帮助，我也需要观察到这个限度，而不进行自我暴露。

关键是要达到平衡。许多治疗师的知识背景都将治疗师的自我暴露标注为不恰当的。如果你也是这样，记住这只是因为暴露一些事情让人感觉不适，这不意味着你不应该去做这件事。它只意味着你需要仔细思考，并权衡可能的获益以及你可能体验的不适。你也可以问问自己，为什么它会让你感到不适。这是因为你认为你不应该进行自我暴露，还是因为这是一些你不想与来访者分享的个人问题？

认可

另一个互动沟通风格的主要组成部分是认可，这是 DBT 中主要的接纳策略（Swales, Heard, & Williams, 2000）。莱恩汉（1993a）将认可定义为一种沟通，认为来访者的反应是合理的，同时考虑到他生活中正在发生的事情也是可以理解的。认可意味着认真对待来访者的反应，而不是低估或最小化这些反应。莱恩汉（1993a）强调，有效的认可需要治疗师识别来访者对情境和事件反应的固有倾向，并将其反映给来访者。

在早期研究中，莱恩汉（1993a）发现使用 CBT 治疗 BPD 没有效果。她将此归因于 CBT 聚焦于改变，而这个聚焦点可能被情绪调节存在困难的来访者理解为一种不认可。正如斯韦尔斯和赫德（2009）指出的那样，被告知你必须改变本身就是不认可，即便你能看到其中的真相。

这是 DBT 中主要的辩证部分：推动来访者改变生活，同时接纳他们本来的样子和他们正在过的生活以及鼓励他们接纳自身，并在这二者中取得平衡。如果治疗师过于推动改变而没有对接纳给予足够关注，来访者将感觉到不认可，并无法在治疗中有效工作下去。但过多的接纳而推动改变力度不够，会让人觉得没有希望，也会导致来访者无法在治疗中有效工作（Swales et al., 2000）。

莱恩汉（1997）列出了六个不同层级的认可：

（1）倾听和观察：治疗师积极尝试理解来访者当下的言语、感受和行为，展示出对来访者真诚的兴趣并积极地逐渐了解来访者。这需要密切关注言语和非言语的沟通，并保持全神贯注。

（2）准确反映：治疗师准确而不带评判地将来访者表达的感受、想法、行为等反映给来访者。在这个层级上，治疗师与来访者充分步调一致，能正确识别来访者的观点。

（3）读懂非言语信息：治疗师与来访者沟通，表示他理解来访者的体验并能对未被直接陈述的内容做出回应。也就是说，治疗师对来访者的行为做出解读，根据治疗师对事件的了解，判断来访者的感受或想法。治疗师基于对来访者的了解，通过观察和推断收集来访者没有表达的情绪和想法。这种类型的认可可能十分强有力，因为虽然来访者经常准确地观察自己，但他们也可能因为周围环境令他们心中滋生出的不信任而不认可自己和低估他们自己的观点。

（4）基于充分（但不一定合理）的原因给予认可：治疗师根据行为的原因对来访者的行为给予认可，与来访者进行沟通，他的感受、想法和行为在当下和过去的生活经历以及生理状况（如生物学疾病）下都是有意义的。这个层级的认可与许多来访者的信念相悖，即来访者认为他们不应该是这个样子（如"我应该能更好地管理我的情绪"）。

（5）认可当下的合理性：治疗师与来访者沟通时，考虑到当下的情况、典型的生物学功能和生活目标，因而认为来访者的行为是可以理解的，也是有根据的。对治疗师来说，在回应中寻找一些有根据的部分是很重要的，即使这种有根据的部分只是回应中很小的一部分。例如，让一名来访者知道他的自伤是可以理解的，因为这提供了一个暂时性的缓解，即便这样不能帮助他达成自身的长期目标。

（6）以全然真诚的认可对待来访者：治疗师看到来访者本来的样子，承认他的困难和挑战，以及他的长处和内在的智慧。治疗师对来访者的反应是平等、值得尊重的，而不仅仅是将他视为一名来访者或患者，或更糟糕的是，将其视为失常的。莱恩汉（1997）指出，第六层级的认可涉及治疗师做出的反应是基于假设个体是有能力胜任的，但这必须来自治疗师的真实自我。在这个层级上，几乎任何来自治疗师的反应都可以是一种认可："关键在于治疗师的行为传达了什么信息，以及这些信息的准确性。"

斯韦尔斯和赫德（2009）强调，除了这些不同层级的认可，还有两种不同类型的认可：外显的言语认可（explicit verbal validation），这是一种更为直接的认可，在莱恩汉（1997）描述的认可的六个层级中均会发生，另一种是内隐的功能认可（implicit functional validation），其中治疗师用行为而不是言语进行认可。例如，一个来访者因同居关系的结束感到苦恼，并表示他必须尽快找到一个新住处，因为他无法再容忍他从同居伴侣那里经受的虐待。有许多方式可以在当下为这位来访者提供外显的言语认可，从第一层级的认可，与来访者一起待在当下，保持兴趣并表达关心，到第六层级的认可，例如"我很高兴你终于能够做出这个艰难的决定。我之前一直在为你担心"。

在内隐的功能认可中，治疗师不是用言语进行认可，而是通过他对来访者的回应进行认可，直接转至问题解决。正如斯韦尔斯和赫德强调的："有时候对来访者的两难问题最有效的回应是去帮助他们解决问题。"（2009）

面部表情和肢体语言也可以变为内隐的认可。例如，如果一名来访者正在向你讲述一个非常悲伤的故事，但愿他会从你的面部表情中看到你也感到悲伤。或者，如果一名来访者进来与你分享一个成功的故事，而你开怀大笑并开始鼓掌，这会成为内隐的认可，因为你传达的信息虽然不是言语上的，但仍然非常清晰。

冒失沟通

冒失沟通（irreverent communication）是互动沟通的辩证对立面。互动沟通是关于温暖、真诚和给予，而冒失沟通是直言不讳和对抗性的，同时运用了诚实和另类的幽默感。它依赖于高度发展完善的治疗联盟，并依赖于治疗师能很好地理解来访者将会如何对这种沟通做出回应。最重要的是，冒失并不意味着卑鄙或不认可，所以这种形式的沟通之后必须给予来访者认可、温暖和支持，否则它会被解读为一种不认可，这种不认可会比来访者在整个人生中经历的不认可程度更甚。

冒失的重点在于让来访者失去平衡，所以其目标之一是说一些来访者没想到的内容。莱恩汉（1993a）描述了一些不同类型的冒失，其主要特点为：

- 它需要如实说出你看到的内容。有时候这意味着用一种实事求是的方式讨论一些诸如自伤的功能不良的行为。比如告诉来访者他不应该伤害自己，因为这会干扰治疗（Linehan，1993a）。
- 冒失沟通是一种直率、直接地针对来访者不脆弱的方面进行的沟通。
- 冒失沟通是既帮助治疗师也帮助来访者摆脱困境的一种方式。

重要的是，请记住互动和冒失沟通应该交织贯穿在整个个体会谈中，努力在接纳和改变间取得平衡。如莱恩汉所说，"互动本身有过于'甜蜜'的危险，单独使用冒失有过于'刻薄'的危险"（1993a，p.397）。

辩证策略

虽然我们如何与来访者进行交谈非常重要，而我们交谈的内容明显同样重要。莱恩汉（1993a）描述了许多辩证的策略，本质上包括接纳和改变，正是这种接纳和改变的合题促进了来访者的改变（Swales & Heard, 2009）。下面将简单描述其中三种辩证策略。

魔鬼代言人[一]

魔鬼代言人是一种在治疗开始阶段应用的技术，是为了试图获得来访者参与 DBT 的承诺，但它在治疗的其他阶段也仍然是一种有用的策略。这种技术的本质是，治疗师通过反对某事，帮助来访者自己主动为该事争辩，通过这个过程可以达到合题。回到我正在暴食症中挣扎的来访者，让我们看一下我是如何使用这种技术帮助她强化自己对改变的承诺的：

治疗师：你告诉我你想要停止暴食，但与此同时你告诉我当你有一种冲动时，你不想使用技能，你只想吃东西。你认为你真的在致力于停止暴食吗？

来访者：当然，我在努力。我知道我必须停止。

治疗师：知道你必须停止和想要停止是两件不同的事情。你真的感觉到在致力于这个目标吗？

来访者：是的。我的确想要在这方面努力。我的体重增加了这么多，我的胆固醇水平也很高。我知道这会给我带来健康问题。

治疗师：是的，但是距离你知道你的胆固醇水平高和体重失去控制已经有一段时间了。现在什么突然变得不同了，让你想要停止？或者你觉得你还能做些什么来帮助你停止？

来访者：我一直想要停止。我只是找不到停止的方法，因为这太难了。我知道我们已经讨论了许多方法，或许我只是没

[一] 英文里该表达有"故意唱反调"的意思。——译者注

有尽我最大的努力去做。我想我需要回头看看这些我们已经谈论过的能帮助我停止（暴食）的方法，比如在这种冲动出现的时候保持觉察，并且选择将自己的注意力从冲动上转移走，而不是去实施这个冲动。

治疗师： 好的，这听上去是一个不错的开始。

从这个例子中你可以看出，我没有告诉来访者我认为她没有努力，或者我认为她将无法停止暴食。这个想法并不令人沮丧，但是通过某种方式向来访者提问或与来访者争论，让他们思考并为想法的另一面辩解。有时，就像在这个例子中，这帮助他们产生一个他们更有可能实现的解决方案，因为这是他们自己的想法。

隐喻的使用

莱恩汉（1993a）指出，使用隐喻提供了一种可供选择的、有趣的方式教会来访者如何辩证地思考，以及开辟一种新的行为方式的可能性。当然，在治疗中使用隐喻并不是 DBT 独有的；它在许多心理治疗中得到强调，也经常在治疗中被非正式地使用。它的用途不应被低估。斯蒂芬·兰克顿和卡罗尔·希克斯·兰克顿（1989）指出，治疗隐喻不会像直接建议那样激起对新想法的抵制；相反，它们被认为是一种更温和的考虑变化的方式。

根据莱登、克莱和斯帕克斯（2001）的观点，在治疗中使用隐喻可以在许多方面有所帮助，包括以下方面：

- 与来访者建立融洽的关系。
- 帮助来访者了解他们的情绪。
- 挑战来访者的信念。
- 针对来访者的阻抗进行工作（用 DBT 术语来说，帮助治疗师和来访者摆脱辩证困境）。
- 引入新的思维方式。

莱恩汉（1993a）指出了一些使隐喻在治疗中变得重要的其他因素，包括因为故事更有趣所以更容易回忆；隐喻的灵活性允许来访者出于不同的原因并以他们自己的方式使用它们，这也为他们提供了一种自主感；故事可以不那么具有威胁性，因为故事的重点不那么直接。

使用隐喻作为一种辩证策略的主要目的是让治疗师传达接纳并理解来访者当前的处境，同时，呈现一个可以帮助来访者通向改变的选择。这方面的一个例子是第 2 章中烧伤病人的类比。当治疗师向来访者描述情绪失调相当于全身Ⅲ度烧伤时，来访者既感觉到治疗师理解他所处的痛苦，也看到做些什么去帮助烧伤愈合的必要性。下面是一段示例了隐喻使用的简短对话：

来访者： 我只是不确定我还能再撑多久处理发生的这一切。我感觉我正站在悬崖边上，我不确定我不想直接跳下去。㊀

治疗师： 直接跳下去不是唯一的选择。你也可以使用我所拿着的攀岩设备，慢慢爬下那个悬崖。这就是 DBT 技能的用途。

威克曼、丹尼尔斯、怀特和费斯米尔（1999）指出，当利用来访者自己的语言时，隐喻会更有效。换句话说，尽可能使用来访者所提供的隐喻，如上面的例子，因为来访者显然与这些隐喻相连。

把柠檬做成柠檬水㊁

你可能听说过"把柠檬做成柠檬水"或类似的说法。在 DBT 中，这需要治疗师将一个明显的问题转化为一些积极的东西。如莱恩汉（1993a）指出的那样，这是另一种必须谨慎使用的技能，这样才不会看起来像是

㊀ 此处可能意为使用捷径处理情绪问题。——译者注
㊁ 英文谚语，以"柠檬"比喻生活中的困难处境，用"做成柠檬水"比喻将困难努力转变为机遇的态度，意为在糟糕的处境中仍积极想办法改变现状。——译者注

不认可来访者或小看问题的严重性。用她的比喻来说,"治疗师的技能在于发现乌云背后的一线希望,同时不否认乌云确实是黑色的"(Linehan,1993a,p.217)。这里有一个例子:

来访者: 我真的很难加入这个团体,因为我受不了迈克尔。他总是喋喋不休,从来不给其他人在团体中发言的机会。他快把我逼疯了。

治疗师: 这是个好消息,因为我们一直在为你寻找练习不评判的机会!

治疗师接着会与来访者讨论他可以在团体中练习不评判的方法,以及其他相关的技能(如果适用的话)。

DBT 的目标设定

上面所概述的辩证策略只是在 DBT 中用来帮助来访者摆脱困境的一些策略。当然,我们还需要与来访者一起就我们所努力的目标达成一致。与许多疗法一样,在 DBT 中,帮助来访者设定具体目标或行为靶点是极其重要的。事实上,莱恩汉(1993a)认为这是在治疗开始前必须进行的关键一步。这是很有意义的,因为如果治疗有任何成功的机会,那么治疗师和来访者必须在目标上保持一致。如果无法达成一致(例如,如果来访者不同意将停止自伤行为作为目标),治疗师可能会建议 DBT 不适合他,至少在这个时间点不适合。

我们在第 2 章开始关注行为的目标,与个体 DBT 会谈的大纲和讨论问题的顺序一起:首先是妨碍生命的行为,然后是那些妨碍治疗的行为,最后是那些妨碍生活质量的行为。目标设定要复杂得多,并将随着你与来访者联盟关系的发展而前行。从一开始,提醒来访者在 DBT 中的首要目标就很重要:创造一个值得过的生活(Linehan,1993a),这包括消除治疗师和来访者都认同需要停止的自杀和自伤行为，以达成这个目标。

提醒来访者你在这个阶段谈论的是目标也很重要。仅仅因为你建议设定一个停止自伤行为的目标并不意味着来访者被期望立刻做到这一切，这只是他同意努力的方向。

认可在设定目标中的作用

告诉来访者他必须或者应该改变一个行为本质上是无效的，因为这表明这个行为存在一些问题（且可以扩展到做出这种行为的来访者有问题）。因此，当讨论行为目标时，用认可来围绕对话是很重要的：首先，找到行为中可以被认可的一些方面。重复行为总是服务于某种目的，否则我们不会继续进行这些行为。（顺便说一句，如果你还不确定这个行为服务于何种目的，就这么说也没关系。例如，"即使我们还不知道你从这种行为中得到什么，但它显然对你有所帮助，否则你不会仍然在这样做"。）这是我与一个存在暴食的来访者对话的例子。

来访者： 我不明白为什么我不能让自己停止进食。我知道这对我不好，我真的想停下来。我怎么了？

治疗师： 如果它那么简单，我相信你早就停止了。你必须提醒自己，暴食是你用来帮助自己应对强烈焦虑的一种方式。尽管你知道这对你而言不健康，但这就是你之前学会的处理自己的情绪的方法。因此，当事情变得艰难时，暴食是你最舒服的应对方式，并且你仍在回到旧的习惯中，这也是情理之中的事。这意味着我们必须帮助你学习一些新的、更健康的应对方式，这样最终你能够采用它们来替代（原有的方式）。

从这段简短的对话中你可以看出，我已经很好地理解了为什么这位来访者转向暴食来帮助她处理情绪,所以我能够提供第五层级的认可。然后,我提供了行为需要改变的理由(这很简短,因为来访者已经同意将此作为一个努力目标),并保证我们会教给她新的帮助她改变的技能。

当对目标出现分歧时

当然,为了创造一个值得过的生活,我们并不总是能够与来访者就目标达成一致。例如,之前我提到一个来访者想要停止物质滥用,但不想停止饮酒,即使她已经过量饮酒且经常导致物质滥用发作。那么当这种不情愿产生的时候,你会怎么做呢?两个关键的 DBT 方法是权衡成本和收益,以及接纳技术。

权衡成本和收益

审视一种行为的成本或消极后果,可以帮助来访者得出他们希望把改变这种行为作为一个目标的结论。如果你已经发现了一种你认为需要改变的行为,但来访者不同意,帮助他审视这种行为的成本和收益。在第 8 章,我将讨论一个正式的成本 – 收益分析。但是,你也可以非正式地通过问以下几类问题来探索这一点:

- 当你进行这种行为时,会产生什么消极后果?
- 在你这样做后,你对自己有什么样的感觉?
- 当你这样做时,你关心的人会如何回应你?
- 当你进行这种行为时,会有什么益处或积极的结果?
- 这种行为服务于什么功能?你这样做从中得到了什么?

这种分析可以帮助你和来访者确定这种行为满足了什么需求,又是什么强化了这种行为。在讨论结束时,希望来访者能够看到他行为的代价。这并不意味着他会准备放弃它,但这意味着他距离考虑把它作为一个要努力的目标更近了一步。

接纳

在我的经验中，来访者往往因为恐惧而不愿意将某件事作为目标。在这种情况下，请记住，无论如何，你可能已经有足够的目标让你忙上一段时间了，当你致力于已有的目标时，你可能会建立起来访者对你的信任（同时教给他技能）。随着时间的推移，他可能会更愿意重新审视这个潜在目标。接纳来访者还不愿意在这个行为上努力，比推动来访者更有成效。即使推动了在设定目标上达成共识的结果，来访者为了该目标而做出实质性努力的机会微乎其微，因为事实上这是你的目标，而不是他的。还要记住，你目前接纳了他的拒绝（将此作为目标）并不意味着你不能在看到这种行为直接对他的生活产生负面影响的时候继续委婉地指出。

家庭作业

如果不审视治疗中最重要的方面之一，即家庭作业，那么关于目标设定的讨论是不完整的。如果你记住你只能每周见每个来访者大约一个小时或更少，你会发现家庭作业是必不可少的。如果来访者在会谈之外不致力于目标，那么什么都不会改变。

作业必须是协力完成的才有帮助：来访者必须理解基本原理并接受它，否则他可能不会做。如果我布置了不止一项作业，我会让来访者把它们写下来，这样他们就不会忘记。我自己也会把作业写下来，这样我在下一次会谈中会记得询问每项作业，以确保来访者跟进作业，从而确保作业是有意义的。在会谈结束时回顾此列表也是一个不错的主意，以确保来访者理解家庭作业，并为解决可能出现妨碍完成分配的任务的问题提供机会。

回顾家庭作业应该是下次会谈首先要做的事情之一。这通常可以与查看来访者的行为监测表结合起来。例如，你可能会说"周四发生了一次割伤行为，你完成行为监测表了吗"或者"我看到你这周每天都练习了正念，就像我们上次会谈时讨论的家庭作业一样，做得很好"。

然而，其他时候，家庭作业可能是相当独立的。例如，我要求我患有暴食症的来访者在完成行为监测表之外还要完成一份饮食日志。另一个例子是用暴露疗法来帮助减少社交焦虑。无论如何，确保家庭作业在某种程度上得到处理，这样你可以加强来访者完成它的能力并提供认可和反馈。当然，知道作业是否没有完成也很重要，在这种情况下，这将被视为干扰治疗的行为。

终止治疗

莱恩汉（1993a）指出了从一开始就计 BPD 来访者为最终治疗的终止做好准备的重要性。对于其他来访者群体，讨论治疗终止的时机取决于你工作环境的限制。在我的私人诊所里，只要来访者愿意，我就可以见他们——只要治疗仍然有效。然而，我在医院工作时，在第一次会谈中，我告诉患者，我们有 12 次会谈，或者大约 6 个月的治疗时间，在此期间，我们要努力实现他们的目标。我发现，这有助于来访者在目标上始终保持专注，帮助他们更加努力地练习技能，并完成可能有助于他们实现这些目标的家庭作业。我还提供定期提醒。在第 6 次会谈时，我告诉他们治疗进行了一半，并询问他们对我们进展的反馈。我会问我们是否在努力做他们想做的事情，是否有我们还没有看到的他们想谈论的事情，等等。从第 8 次会谈开始，我会提醒他们我们正在进行第几次会谈。我们还会讨论他们是否需要转介到其他机构，以继续完成未完成的工作或我们在一起工作的短暂时间内未能完成的工作。

只要有可能，我发现减少与来访者的会谈比突然停止治疗更有用。逐渐减少会谈让人们有机会对自己更负责，在继续使用技能的同时他们仍然知道，比如说一个月后，他们必须回来报告他们的进展。正如一些来访者所说，这让他们自由地自己进行工作，但还是会暂时继续把我当成"避风港"。

莱恩汉（1993a）讨论了治疗结束后治疗师和来访者之间继续联系的可能性。她表示治疗师和来访者应该讨论他们是否希望有持续的联系，如果是，围绕这一点的限制是什么，而不是做出不会有进一步联系的假设。我当然同意如果可能有一些持续联系的话，这非常有助于帮助来访者逐渐过渡到离开治疗，尤其是BPD来访者。在很长一段时间内一周或两周见某人一次然后不再和那个人有联系，与逐渐减少联系相比，会更加让人难以接受，尤其是对于患有BPD、可能有过终身的人际关系问题的来访者。

小　结

在这一章中，你已经学习了很多关于如何使用DBT进行个体会谈的知识。我讨论了不同的沟通风格、一些辩证策略、目标设定和终止治疗。现在你对DBT的基础有了更多的了解，在第二部分，我将展示构建模块：取决于你的资源和你选择的形式，你将要在个体会谈或技能训练团体中教给来访者的特定技能。

第二部分

技能

DBT
Made Simple
第 5 章

向来访者介绍正念

正如我们告诉来访者，要有他们对技能的理解会随着练习而增加的耐心，我也想提醒你这一点。为了能够有效地提供 DBT，仍有很多东西要学，但是随着你练习技能，事情会开始逐渐被理解。

这让我想到了 DBT 中的一个关键因素：治疗师必须练习他们教授的技能。如果你试着教他们而自己不去实践，你就无法完全理解来访者在将这些技能融入生活时会经历的问题。想象一下尝试向别人解释攀岩技术，然而你自己从来没爬过比梯子更高的东西！教授你不充分理解的东西是很难的，而充分理解的唯一方法是践行你所宣扬的东西。因此，在本书的第二部分中，我会更经常地直接向你——读者——提问，因为人类经验的基本特质和技能的益处同样适用于治疗师和来访者。

所以，说了这么多，让我们回到第一个技能，DBT 的核心技能：正念。和任何技能一样，教来访者正念的第一步是让他们接受它。所以你最初的任务是说服来访者相信正念是有帮助的。因为正念不是传统治疗的一个组成部分，我发现和许多其他技能相比，正念需要更多的说服力。人们经常质疑它，对它持怀疑态度。因此，将它与来访者的需求联系起来，并使用来访者不仅可以理解，而且可以接受的语言尤为重要。

正念是什么

有很多方法来定义正念，重要的是找到最适合你的定义。我最喜欢的是，在当下，用全部的关注和接纳，只做一件事。然后，我为来访者将它分成两部分。首先是觉知：专注于当下，全神贯注于你当下正在做的任何事情——散步、开车、交谈、和宠物玩耍等。

第二部分——也是人们容易忽视的部分——是接纳：只是觉察你的体验，而不去评判它。所以如果你注意到你感到焦虑，接纳它。如果你注意到你很无聊或者你在想"这个练习是没有意义的"，承认它。如果你的身体感到疼痛，允许自己去感受它，而不是去评判你的体验。正念是体验事物的本来面目，而不试图改变它们。

关于什么不该说，我也有一些建议。当和来访者谈论正念时，特别是当他们第一次了解它时，我避免使用"冥想"这个词，尽管正念是冥想的一种形式，许多人对冥想有刻板的想法（例如，盘腿坐在地板上），这可能会模糊他们对正念的理解，也许会让他们不太想去练习。

虽然正念源于禅宗，我也避免提及它，因为我发现有些人会因此相信正念是一种宗教行为。这对个体来说可能是积极的，也可能是消极的，在你知道之前，最好不要提起。除非来访者提出这些问题，否则我倾向于避之不谈，至少直到他们对正念有了很好的理解并且规律练习之前。

向来访者推荐正念

在解释了什么是正念之后，为来访者提供个性化的技能是很重要的。记住，你的工作是说服他们相信正念是有帮助的，所以想想他们已经确定的他们想要解决的问题，然后解释正念将如何对这些目标行为产生帮助。让我们来看看正念可以有所帮助的一些典型问题。

控制你的思想

大多数来访者很容易承认，他们过去花了太多时间重温已经发生的负面事件，或未来可能发生的令人担忧的、灾难性的和意料之外的事件。询问来访者他们是否经历过其中之一或两者均有。接下来，询问他们当他们沉浸在过去（沮丧、悲伤、愤怒、后悔、羞耻等）或幻想未来（焦虑、担心、悲伤等）时会产生什么情绪。通常，他们可以很容易地识别出他们所体验的情绪。然后给他们提供更经常地活在当下的选择。当然，当下也经常存在痛苦。但是当他们活在当下的时候感到痛苦，至少他们只是在处理现在的痛苦，而不是同时处理现在、过去和未来的痛苦。换句话说，当他们保持正念时，他们只有一倍的痛苦，而不是三倍的痛苦。

我向来访者解释说，以前他们的想法一直在控制他们，带他们去任何它想去的地方。正念就是把那种控制权拿回来，这样当他们看到他们的想法回到过去或未来时，他们就可以选择自己是否想要去那里。同样值得一提的是，像任何技能一样，正念需要练习，可以通过训练来加强，研究表明，加强这种能力可以减少抑郁和焦虑的症状，包括反刍（Masicampvo & Baumeister，2007）。

接下来，我将解释正念的第二部分：接纳。我们人类倾向于与给我们带来痛苦的事情进行斗争（我将在第 10 章进一步讨论它）。不幸的是，这种倾向实际上会带来更多痛苦。如果你能努力接受你当下发现的任何东西，你实际上会在生活中体验到更少的痛苦。生活中有些事情是无法改变的，但是你可以改变你和它们的关系。

提高情绪管理能力

因为活在当下减少了来访者体验的情绪上的痛苦，这让情绪更容易管理。我告诉来访者把他们的情绪想象成被容纳在他们体内的一个桶里面。如果他们带着满满一桶的情绪走来走去——部分是由于沉浸在过去和未来中——只需要一件小事就能让桶满溢出来。这导致了问题行为，如打人、物质使用和自杀行为。如果来访者在练习正念，桶里的情绪水平会自动降低，因为他们不会因为沉浸在过去或未来中而产生额外的痛苦。同样，他们情绪上的痛苦越少，就越容易控制。

此外，当我们更多地活在当下时，我们更能意识到自己内心正在发生的事情：想法、身体感觉和情绪。这种增强的意识有助于我们更快地适应任何可能出现的情绪，并提供了一个选择如何行动的机会，而不是仅仅做出反应并让情绪控制了我们。就像本尼特-戈尔曼（2001）提出的那样，"正念安稳地观察那些想法和感受，看着他们来去，而不是被一个想法或感觉冲昏头脑或控制住"（p.9）。

以这种方式看待正念，有理由期待，从长远来看，它将有助于解决心境和焦虑障碍、愤怒问题、进食障碍和物质滥用问题，以及通常帮助人们过上更健康、更快乐的生活。

增强行为控制能力

我经常听到人们谈论他们的行为，就好像他们无法控制它一样："我就是控制不住自己"或者"我甚至没有想过它，我就是做了"。尽管来访者可能经常觉得他们无法控制自己的行为，但重要的是要强调事实并非如此。

再次强调，不依照冲动行事和增加对自身行为控制的关键是觉察。正念帮助我们更多地觉察到我们在想什么和感受到什么，这样当一种不想要的冲动出现时，我们能更快地意识到它，并能采取行动来帮助阻止进行这种行为。当我在第8章讲述如何管理冲动时，我会进一步讨论，逐渐增加冲动产生和我们因之采取行动之间的时间，有助于打破做出这种行为的习惯。正如马西坎波和鲍迈斯特所指出的，"系统性练习会逐渐侵蚀习惯性反应的模式"(引述于 Chambers, Lo, & Allen, 2008, p.304)。培养自控力类似于锻炼肌肉：我们必须锻炼它来提高我们对自己的控制力。正念是发展这种自控力的一种方式。这也有助于我们更好地理解为什么我们会以特定的方式做出反应，从而帮助我们停止习惯性或反应性的行为(Wilkinson-Tough, Bocci, Thorne, & Herlihy, 2010)。

提高专注力和记忆力

如果你认为你的头脑类似于肌肉，那么你就可以理解它是需要锻炼的。正念是一种在许多方面有助于增强心智的练习，包括增强集中注意力的能力。因为正念的一个关键方面是注意到你的注意力何时转移并有意识地把它带回到你当下正在做的事情中，随着时间的推移，这将改善你集中注意力的能力。

这还有另一个好处：当你专注于当下和你那时正在做的任何事情时，你之后会记得更清楚。你有几次在洗澡时洗了两次头发或下班开车回家后突然意识到你没有最后十分钟的驾驶的记忆？当你没有完全进入当下时，之后你会对它只有一点儿或完全没有记忆。

我最近和一位来访者讨论过这个问题，她意识到她对自己三岁儿子的生活记忆很少，因为焦虑症使她一直生活在未来。她太专注于思考和担心可能会发生什么，以至于她几乎从来没有完全处于当下的状态，因此她对和儿子在一起的日常生活只有很少的记忆。

投入生活

当你更经常地活在当下，你就更有能力投入生活。这不只意味着你会把事情记得更牢，而且你也真的会在那里享受任何积极的情绪和体验。人们经常错过积极的事件，特别是生活中小小的积极事件，因为他们忙着想别的事情。当你身处当下时，在生活中你不仅仅是"在那儿"，无论发生什么。

放松

虽然向来访者强调正念并不意味着放松技术是很重要的，但应该指出，放松往往是一个有益的副作用。当你一次只做一件事并把你的全部注意力集中在那一件事上，生活会变得不那么让人措手不及和混乱，这有助于你感到更加放松。此外，人们有意识地选择去做的许多活动，本质上是令人放松的：洗个热水澡，坐在外面看野生动物，听音乐，等等。当你真正把注意力放在这些活动上的时候，比起在思考过去或未来的同时做这些事情，你会感到更加放松。

研究

一旦我向来访者推荐正念将如何帮助他们，我发现用研究成果来支持它是有用的。这是另一种说服来访者的方式，让他们相信正念会有所帮助，而不仅仅是一些抽象的、"虚幻的"概念。这一点已经被广泛研究过，了解这一点有助于来访者接受并实践这一技能。

当讨论研究时，你显然不想让来访者感到无聊透顶，以及，要想办法个性化这些信息。针对不同的精神健康问题和身体状况，正有越来越多的关于正念的研究在进行。我们要与时俱进，这样你就可以给来访者最前沿的信息。

目前一些证据表明，更正念地生活可以提高免疫功能和应对躯体疾病的能力。它还可以减少压力、焦虑、抑郁和睡眠问题，并普遍提高享受生活的能力（《哈佛健康杂志》，2004）。此外，正念提高了自我意识和耐受令人苦恼的想法的能力，并且，通过激活与体验幸福和乐观相关的特定脑区，它会引发积极的情绪（《哈佛健康杂志》，2004）。

正式的正念冥想的规律练习被证明有更积极的效果，实际上改变了大脑的生理构造。汉森和蒙迪恩（2009）指出，规律的练习可以改善大脑某些区域的心理功能，这对情绪有积极的影响；可以提高注意力、慈悲心和同理心；降低与压力相关的皮质醇水平；改善整体免疫系统功能；尤其有助于各种躯体疾病，包括心脏问题、哮喘、2型糖尿病、经前期综合征和慢性疼痛等。

如何进行正念练习

一旦来访者接受了正念，并能看到它对他们有什么帮助，我会开始教他们如何练习正念。我发现最简单的方法是将正念分成4个步骤：

（1）选择一项活动。尽管你可以用无数种方式练习正念，但将其个性化对来访者是很重要的。根据你对他们的了解，给他们一些他们可以如何练习正念的例子。例如，如果一个来访者与你谈论过他的孩子或宠物，提醒他可以花时间正念地陪伴他们。如果他从事一项运动或有一项爱好，建议他正念地参与其中。

（2）专注于活动。练习正念的第2步是无论选择了什么活动，开始关注身处当下。

（3）注意你的注意力分散的时候。提醒来访者，注意力分散是很自然的。我们的大脑每天都会产生成千上万的想法，所以这是不可避免会发生的；重要的是当它发生时注意到它。所以第3步只是意识到注意力已经偏离了当下。

（4）温柔地把你的注意力带回来。最后一步是接纳注意力已经分散——保持温和的态度，而不是评判自己——并将注意力带回到当下。换句话说，我们只是注意到我们不再关注活动，并把我们的注意力带回到活动上，而不去评判自己注意力的分散，也不去评判我们体验的一切。

诀窍是一遍又一遍地继续做第3步和第4步：注意到注意力已经分散，并把它带回到当下。当来访者第一次开始正念练习时他们可能不得不持续地将注意力带回来，这没关系——我发现向来访者强调这一点会有所帮助——事实上，这就是正念的全部。正念不仅仅是停留在当下；它是关于注意到你的注意力何时分散并返回当下。当然，重要的是，在确保来访者理解正念是有难度的和帮助他们相信自己能够做到之间找到辩证的平衡。

猴子思维和小狗

在教授正念时，我发现有两个类比很有帮助。第一个是有关人类思维典型状态的一个比喻：猴子思维。我们的思维常常像一只猴子：跳来跳去，经常分心、徘徊，喋喋不休地谈论不同的事情，几乎不可能安静下来。这能帮助来访者理解他们在练习正念时分心的体验并不是不寻常的，实际上，这是非常典型的。

第二个类比帮助来访者在练习正念时对自己多一点儿耐心。大多数人要么在某个时候养过小狗，要么认识养过小狗的人，能体会到训练小狗是什么情况。当你刚开始训练小狗坐下的时候，会发生什么？你转过身，慢慢地朝另一个方向走了几步，然后小狗立刻站起来跟着你。你不会因为小狗没有继续坐着就对它生气，骂它笨或蠢；你知道小狗还没有被训练完，不知道如何坐下。来访者的思维是小狗，正念是他将如何训练他的思维安住。当他刚开始时，他的思维当然不会去听——它从未被训练过，也不知道如何去安住。他需要对自己的思维有耐心，而不是去评判它。（这也是一个很有用的比喻，当小狗处于某种兴奋或痛苦状态下时，即使训练有素的小狗也很难坐下来，就像任何类型的强烈情绪都会让练习正念变得更困难，即使是对有经验的练习者而言。）

即使有了这些有用的比喻，大多数来访者仍然会感到沮丧，在正念上存在困难，这就需要治疗师认可。消除来访者的疑虑，告诉他们这种困难是典型的，正念很难，随着时间的推移，它会变得更容易——小狗会逐渐学会坐下。

正式和非正式的正念练习

我教来访者的下一件事是正式和非正式练习之间的区别：非正式的正念只是把正念带到你碰巧正在做的任何事情上——阅读这些页面，进行对话，骑自行车，等等。正式的正念是当你实际上留出时间去做练习，比如呼吸练习或观察想法或情绪。这是提醒来访者正念是一次只做一件事的好时机。所以如果你在练习正念，你不能边开车边做呼吸练习，因为那是两件事。你要么正念地驾驶（一种非正式的练习，总之是将正念带入你正在做的事情），要么留出五分钟做一个呼吸练习（一个正式的练习，这里你留出时间来做一个正念练习）。

我发现，让来访者在会谈期间开始非正式的正念练习，更有可能让他们练习。我在会谈中引入正式的练习，从短小简单的练习开始（例如，数呼吸一分钟），逐渐发展到人们觉得更难的练习（例如，观察想法或情绪）。我也逐渐增加了正式练习的时间。

当然，每个人学习和练习的速度不同。一些来访者领悟了正念，很快掌握了概念，并善于将其融入他们的生活。你可以很快让这些人自己进行正式的练习。其他人纠结于这个概念，记不住要练习或者看不到练习的重要性。对于这些来访者，你可能需要反复回顾正念的目的以及你为什么要求他们做这些练习。此外，节奏会更慢，在进展到正式练习之前，更长时间地专注于非正式练习。不管怎样，认可并继续推动改变。

偶尔我会遇到一个来访者，他不能理解正念或者它能有多大的帮助，或者因为某种原因反对练习它。如果发生这种情况，试图推动来访者只会导致权力争夺，所以一开始可用其他技能来代替。你可能会发现你建立了更好的治疗关系，来访者也对你产生了更多的信任，他也会更愿意致力于正念。

以我的经验来看，来访者倾向于关注非正式的练习，并不经常以能产生帮助的频率进行正式的正念。一定要解释清楚，非正式和正式的正念练习虽然都很有帮助也很重要，但有不同的功能。非正式的正念练习帮助他们更正念地生活，有规律地活在当下，而正式练习帮助他们更能觉察自己的内在体验，增加自我觉知和更有效地管理自己的能力。因此，两种类型的正念练习都极其重要。我已经附上了描述各种正式正念练习的讲义。你可随意将此分发给来访者，以在他们的练习中有所帮助。

正式的正念练习

- **呼吸计数**。安静地坐着，深呼吸时数"一"，慢慢地数"二"呼气，"三"吸气，"四"呼气，以此类推。数到十，然后重新开始。当你发现你走神了且已经停止数数了，不加评判地只是注意到这一点，并让焦点回到呼吸和数数上来。
- **观察声音**。安静地坐着，把你的注意力集中在你听到的任何声音上：你的呼吸声、隔壁房间人们说话的声音、空气从通风口进来的声音、隔壁房间的电视声音，等等。当你注意到自己走神时，不加评判地注意到它，然后让你的注意力回到任何进入你意识的声音。
- **观察一个物体**。拿起一件物品，比如一张镶了框的照片、一个放在壁炉架上的小摆件、一件珠宝，或一个儿童玩具，用心观察它。用你所有的感官检查这个物品，把你所有的注意力都集中在这个物品上。体验触摸它的感觉。注意它可能有的任何气味或者你在手中移动它时发出的任何声音。当你注意到你的思绪游离到了其他事情上时，把你的注意力带回到观察这个物品上而不去评判自己。
- **观察你在云中的想法**。假设你躺在一片草地上，抬头看着云。每朵云中都是一个想法。当云朵慢慢飘过时，观察它，并根据它所属的是哪类想法给它贴上标签。例如，当想法"这个月我将能够支付我的信用卡账单吗？"飘过时，标记它为"令人担忧的想法"或"焦虑的想法";当你在云中看到"这是一个愚蠢的练习"的想法,标记它为"愤怒的想法"或"评判的想法";等等。尽你所能,不要因为你正在有的想法或你如何给它们贴上标签来评判自己;答案没有对错之分。当你注意到你陷入了对一个想法的思考,简单地随它去并注意下一个想法。

- **专注于一个想法**。选择一个有意义的词或一个短句来关注,然后当你关注你的呼吸时自己重复。例如,吸气时,想着"明智的"这个词,呼气时想着"思维"这个词,当你注意到自己走神了,不要评判自己,只是将注意带回到练习中。

- **成为你思维的守门人**。假装你正站在你思维的"大门"前观看通过大门传来的想法和感受。尽你所能,不要评判这些想法和感受;只是观察它们是什么,这样你就能意识到思维中有些什么,就像看门人一定能意识到谁将通过大门。欢迎想法和情绪通过大门,而不是试图阻止它们。当你走神或感觉自己试图停止想法或感受进入时,试着放松并只是观察这些东西,然后回去继续观察想法和感受进入。如果你发现想法和感受通过大门太快了,试着通过让每一个想法或感受进入前敲门,来让它慢下来,这样你就可以打开门,承认它的存在,然后让它通过。

- **沉浸在你的身体中**。安静地坐着,专注于你在身体中体验到的不同感觉。注意,例如,你的屁股坐在椅子上的感觉或者你的手臂放在扶手上的感觉。观察你的肌肉可能会有的紧张感。注意你感觉凉爽还是你的脸感觉热。承认你可能正在体验的任何情绪,比如对之前发生的事情的愤怒或者因为你觉得做这个练习很难而感到的沮丧。当你的思维将你从观察身体感觉中带离时,只是将你的注意力带回到练习上,其他的想法则随它们去。专注于你的身体的另一种方法即用指甲在你的嘴唇和鼻子之间划过。然后安静地坐着,尽可能长时间地专注于那种感觉；看你能感觉它多久。当你的思维游离到其他事情上时，告诉自己这没关系，然后把注意力带回到感觉上。

来访者可以改变正念练习以更好地满足他们的需求，向来访者指出这一点是很重要的。例如，在呼吸计数练习中，一些人喜欢把吸气和呼气一起计数一次；有些人很难在云中看到自己的想法，并发现他们是听到而不是看到自己的想法。对于这些来访者，我引导他们简单地让自己听到这些想法，然后给它们贴上标签：这是一个关于工作的想法，这是一个与焦虑相关的想法，这是一个关于天气的想法，等等。只要来访者理解了呼吸计数或观察想法等的要点——即使他们稍微改变一下以适合他们的需求也没关系。另外，给他们这种灵活性会让他们更有可能进行练习。

我发现让来访者在第一次开始练习时写日志很有帮助，为此我设计了正念监测表（见表5-1）。欢迎你复印它用于你自己的实践。这是一个很好的学习工具，有几个不同的功能：第一，由于责任的因素，它帮助来访者记住练习正念，他们知道这是家庭作业，我将在我们的下一次会谈中查看监测表；第二，这有助于他们思考自己如何练习正念以及自己的正念体验是怎样的；第三，它让我看到他们是否真正理解正念的概念以及他们是如何练习的，这将给我一个机会对他们的练习提供反馈。我在这些监测表上写下评论。例如，建议来访者增加他们的练习时间或他们用于正念的活动种类，指出他们何时正在评判他们的体验中的某些方面，等等。通过这种方式，来访者将定期获得关于他们练习的反馈，帮助他们继续学习。

表 5-1　正念监测表

日期	我正念地做了什么	练习时长	我在体验中注意到了什么

（续）

日期	我正念地做了什么	练习时长	我在体验中注意到了什么

让正念变得简单

如果你已经在练习正念，你知道这可能有多困难，如果你即将开始练习，你很快就会发现！你可以帮来访者一个忙——让他们更有可能练习——让正念变得尽可能简单。因为对大多数人来说，正念的聚焦和接纳两个方面都很难，看看你能否让其中一个变得更可行一些。如果你能让来访者想出一个他们已经能够聚焦并深度参与的活动，这将是他们开始练习的理想方式。

我曾经和一个在正念方面有巨大困难的来访者工作过。他很难集中精神练习，变得非常沮丧以至于他想要直接停下来。他觉得自己一事无成。我问他能不能想出一个他已经能够深度参与的活动，他马上说了弹吉他。因为他能够集中注意力弹吉他，他将要面临的唯一困难是接纳部分。当然，接纳也不容易，但是让来访者用他们容易聚焦的东西开始练习正念可以释放更多的精力在接纳他们的体验上。

践行你所宣扬的

在这一章的开头，我提到了治疗师自己练习 DBT 技能的重要性。我发现来访者通常会在某个时候问我自己是否使用这些技能，当我开始学习它们时是否有问题，这些年来它们是否帮助了我，等等。因为我已经练习这些技能很多年了，所以我可以诚实地回答这些问题并提供认可表明我理解这些技能有多难，以及回答他们在练习这些技能时面临的一些问题。

从更实际的角度来看，自己实践也很重要。毕竟，你怎么能有效地教别人做你自己不经常做的事情呢？如果你没有那种只能通过实践而得来的透彻理解，你就不可能成为一个有效的老师。这并不是说你会和你的来访者在这些技能上遇到相同的问题或者达到同样的程度，但是它会使得你更好地理解来访者的体验，也让你可以示范这些技能。

一些正念导师相信，治疗师和来访者应该每天至少进行30分钟正式的正念练习。我认为我们每个人都必须在这方面找到自己的方式，且对一个人最有效的方式可能对另一个人无效。然而，如果你打算教给来访者正式和非正式的练习都很重要，这两种类型的练习你都应该实践。同样，如果你要让来访者进行30分钟的家庭作业练习，你应该自己做30分钟的练习。在我看来，底线是我们不应该要求来访者做我们自己不愿意做的事情。

来访者经常遇到的问题

就像任何新技能一样，也许程度更甚，大多数来访者发现在他们的生活中很难练习和实施正念。所以，让我们来看看在我教授正念的这些年里，来访者向我陈述的一些常见问题，以及一些帮助人们克服这些问题的建议。

"它让我感到更焦虑"

有时候，来访者发现练习正念会让他们更加焦虑，尤其是当焦虑已经成为一个问题的时候。当来访者告诉你他们不能练习正念，因为这会让他们过于焦虑时，首先要做的是认可。这是可以理解的。我们不习惯如此近距离地审视自己，并且我们经常害怕我们可能发现的东西，或者不喜欢我们发现了的东西。

最近，我和一位在正念期间经历焦虑的女士一起工作。随着时间的推移，她意识到她是如此不习惯于活在当下，这导致了焦虑。她继续练习正念，必要时进行暴露治疗，并练习接纳她的焦虑。渐渐地，她的焦虑水平下降了，正念练习对她来说也不那么容易引发焦虑了。

在认可来访者的焦虑后，推动改变，提醒他们正念是一种重要的工具，这将有助于解决他们的具体问题。鼓励他们努力接纳他们注意到的任何事情，因为不接纳可能会增加他们的焦虑。例如，如果一个焦虑的来访者注意到他的呼吸很浅，他可能倾向于评判它，这导致他担心：我呼吸太快了，有点儿不对劲。帮助他试着确定哪些想法可能会增加他的焦虑，然后你会有更多的方法来进行问题解决。

需要意识到专注于呼吸往往会增加焦虑障碍来访者的焦虑。在这种情况下，鼓励来访者暂时专注于正念练习而不是呼吸，直到他们的焦虑水平开始下降。只要确保一旦他们总体上对正念感觉更舒适了，他们会回来做呼吸练习的，即使他们发现这很有挑战性。

"我就是做不到"

来访者经常说他们就是做不到。当这种情况发生时，准确地探索他们的意思很重要。这个来访者的意思是这真的很难还是他全神贯注有困难？是不是因为他的孩子总是打断他？他是否仍然秉持着"成功的"正念意味着想法和情绪从不会侵入的错误印象？一旦你解决了这个问题，你就可以帮助来访者解决问题。许多人说他们做不到，但他们实际上的意思是他们发现这非常难。认可这一点。大多数人刚开始练习时都觉得正念很难。尽管如此，关键还是要坚持练习。

"我没有时间"

这是我最喜欢的"问题"之一，因为这是最容易解决的问题之一：只要提醒来访者，他们不必花时间练习正念，他们可以在任何时间和任何地点用任何活动进行正念练习。你可能需要在这里回顾一下非正式正念练习的定义。根据你对来访者的了解，给他们举一些例子。也许一个来访者可以正念地开车去工作两分钟，正念地帮助他的孩子做作业，正念地看他最喜欢的电视节目，或者每次他在红灯前停下来时正念地深呼吸。这是我最喜欢正念的一点：你不必为它腾出时间。

当然，如果来访者想要获得正念的全部益处，他们必须进行正式练习。尽管这需要留出一些时间，但要说明一些正式的练习一次只需要几分钟就可以完成。例如，你可以观察你的想法两分钟，数十次呼吸，或者注意你周围的声音几分钟。鼓励他们不要非黑即白地思考，仅仅因为一个人不能做30分钟的身体扫描并不意味着他不能做正式的练习。

"我无法保持专注"

我发现令人惊讶的是，无论我提醒来访者多少次正念训练的唯一目标是用接纳的态度活在当下，他们仍然会回来说"我无法保持专注"或类似的话，比如"我做不好"或"这不起作用"。反复提醒来访者把他们的期望扔出窗外。尽管我们人类已经习惯了在头脑中带着某个特定的目的做事，但有了正念，我们必须习惯手段本身就是目的的想法。

这是一个悖论，一个难以让你全神贯注的悖论：我们的来访者练习正念是因为他们想感觉更好，但我们要求他们放弃这个目标，只是用接纳的态度活在当下。然而，通过这样做——通过把感觉更好、更为专注或能够放松的目标放在一边——他们打开了真正实现他们最初目标的大门。矛盾的是，坚持这样的目标和期望往往会妨碍人们用接纳的态度活在当下。如果一个人的目标是感觉更好，而不只是当他练习正念时用接纳的态度活在当下，他会根据是否"有帮助"或"有效果"来评判这种体验。之后这会变成关注的焦点，而不仅仅是当下的觉知和接纳。

"我已经专注于手头的任务了"

我经常听到来访者说他们已经在练习正念，"我总是专注于我正在做的事情"或者"在当下全神贯注对我来说是很自然的"。随着你日复一日地进行正念训练，它会开始变得更自然，但这通常需要相当长的时间；正念并不是大多数人自然而然就能做到的，也不是一夜之间就能学会并熟练掌握的。所以当我听到来访者坚持说他们已经一直在练习正念时，我认可了这一点。也许他们非常专注，也非常地活在当下。但是之后我温和地暗示他们可能不会接纳他们当下碰巧发现的任何东西。我们是评判的生物，所以这部分正念不太可能是自然而然产生的。我们大多数人都必须在这方面非常努力。事实上，我认为接纳对我们来说太难了，以至于我们很容易忘记正念的这一部分。

"我睡着了"

有时人们发现当他们练习正念时，他们会慢慢睡着。对于有睡眠问题的人来说，这可能是一件好事；他们可以在睡前练习正念来帮助他们睡眠。但是正念是关于保持觉知的，如果你睡着了，你怎么能觉知到呢？当然，首先认可来访者的体验是很重要的。对许多人来说，大脑一有机会休息就想睡觉是有道理的，因为它一直处于忙碌状态。事实上，有些人如此习惯于忙碌，以至于当他们停下来练习正念的时候，他们会感到无聊，并感到想睡觉。这里的关键是，在正念期间，像对待任何其他冲动一样对待它：只是注意到它。

然而，当这种冲动变得强烈时，有时人们会在练习正念期间慢慢睡着。如果这种情况经常发生，显然会干扰正念。这里有一些可供参考的观点可以帮助你和来访者解决这个情况：

- 来访者只是需要更多睡眠吗？如果他睡眠不足，他的身体会想利用这段安静的时间休息一下。在这种情况下，你需要和来访者共同改善他的睡眠。（关于这方面的更多提示，请参见第7章。）
- 如果不是这样，一天中是否有更好的时间让来访者练习？如果他知道自己一天下来总是筋疲力尽，他能在一天的早些时候抽出时间练习吗？
- 他是否会在练习正念前大吃一顿？餐后嗜睡可能是罪魁祸首！
- 他可以尝试不同的姿势吗？如果他躺着，他可以试着坐起来。如果他已经坐起来了，他可以试试不太舒服的椅子，甚至尝试站着。
- 如果他闭上了眼睛，保持睁开可能会有帮助。

如果你已经对一个来访者做了所有这些尝试，但来访者仍然会睡着，这里有两个技巧可以帮助人们在正念练习中保持清醒：

- 真正专注于呼吸。有意识的呼吸有助于将注意力集中到其进入身体的能量。这可以帮助人们感到更加警觉且不那么困。
- 用指尖按压桌子、腿、椅子的扶手等，或者将指尖压在一起，然后将注意力集中在这种感觉上。

"我必须一心多用"

有些人确信，为了完成他们需要做的每一件事，他们不得不一心多用。当人们持有这种信念时，我首先告诉他们关于一心多用的研究。根据莱恩汉（2003d）的研究，两组人被要求完成相同的任务，并被告知尽快完成；一组被告知通过同时处理多任务来完成，另一组被告知全神贯注地一次只做一件事。结果表明：全神贯注地一次只做一件事的那组人更快更准确地完成了任务。

在提供了这些信息之后，我提醒来访者，正念练习并不意味着你必须先完成一项任务，然后再继续下一项。例如，如果我正坐在办公桌前发邮件时，电话铃响了，那么当我继续发邮件时，我就无法有效地接电话并和对方交谈。我要么在邮件中出错，要么不能把注意力全部集中在这个人试图和我谈论的事情上，或两方面都出错。对我来说，与其这样一心多用，不如停止写邮件，把全部注意力放在听电话上更有效（如果是这种情况，这是我的选择）。一旦我打完电话，我就挂掉电话，把全部注意力转回到邮件上。

向来访者解释这并不意味着他们再也不能一心多用了也很重要。虽然理想状态是更正念地生活，但我们必须选择何时将要练习正念，何时我们不练习。期望我们能用所有醒着的时间练习正念是不现实的。希望通过持续练习，我们都会选择越来越频繁地练习。但是当来访者刚刚开始时，你让正念变得越不那么吓人，他们就越有可能练习。

"正念不就是在回避或压抑吗"

有时候，人们会有一个错误的印象，即认为不断地将注意力从他们漫游的地方带回到当下，意味着他们只是在回避或压抑自己的情绪。这是绝对错误的。目的不是回避或压抑。恰恰相反，练习接纳任何发生的事情，而不是评判它并把它推开。

然而，举例来说，如果你正在练习对声音的正念，而一个声音让你想起了最近的一次失去，那么让你的思维带你去它想去的地方——回到那次失去——并停留在它上面是不会有帮助的。正念的一部分是训练你的思维，这样你就能掌控它。因此相反，你注意到你的体验，接纳产生的情绪，并将注意力转回到当前的练习上。一旦你完成练习后，你可以自由地回头去探索出现的感受。

"但你必须为未来做出规划"

有时候来访者认为练习正念意味着永远不要思考过去或未来。当这个问题出现时，我会提醒来访者，他们可以选择何时练习正念。我还强调，你可以正念地规划未来。然而，很多时候，对未来的"规划"实际上并不是计划，而是一种形式的担忧。

我记得我买第一栋房子的时候。这是一栋老房子，最初是作为小屋被建造的，主要的热源是基板加热器。不幸的是，房子的前主人把加热器放在了狭小的空间里并把温度开得很高，而我却不知道，所以我的第一张电费账单差不多是一个月 500 美元。我吓坏了。我哭着说服自己，我必须卖掉房子，搬回来和家人一起住，因为我显然无法仅靠个人的收入负担起住在这栋房子里的开销。这是一个担心未来的完美例子。我毫无计划；我生活在一个想象中的未来，在那里我会搬回去和家人一起住，因为无法负担起独立生活的开销而对自己感到彻底失望。同时，我不仅没有计划未来，也没有弄清楚当下发生了什么。

我曾经有一个来访者指出，他可能确实知道他所担心的情况的结果。他的母亲告诉他，她要离开他的父亲，她准备搬出去。与此同时，他想象他的父亲听到这个消息会是什么状态，他的父母都将体验的痛苦，他将要体验的痛苦，等等。所以我问他：如果真的是这样——他们将要处理的生活中的很多痛苦——他真的想经历两次吗？当他真的不得不经历这一切的时候，难道还不够糟糕吗？为什么他要想象去经历它并想象它会有多痛苦，当他很快就会体验到它的时候？这是帮助来访者看到生活在过去或未来的陷阱的另一种方式：他们真的想体验两次吗？

所以，有一点毋庸置疑，你必须为未来做计划，同时，正念不会阻止你这样做；事实上，当你在制订未来计划时，正念会通过让你立足于当下——立足于现实——来帮助你计划未来。

小　结

　　正念是一项简单的技能，但远非易事。这违背了大多数人习惯的生活方式。在本章中，你已经学习了说服来访者的重要性，即正念对他们会有帮助，同时我已经给了你很多关于如何做到这一点的建议，以及如何教来访者（和你自己，如果你是新手）如何练习正念。我还回顾了来访者在开始练习正念时遇到的许多问题，以及你能如何帮助来访者处理这些问题并继续他们的练习。在下一章，我们将了解其他技能，以在正念练习中帮助来访者。

　　当你通读这本书的时候，记住你没有必要对每个来访者都使用每一种DBT技能；你可以挑选与每个来访者最相关的技能。还要记住，如果你要提供有效的DBT，自身也要练习这些技能是最重要的。

DBT
Made Simple
第 6 章

正念的其他技能

在前一章，我们开始谈到如何将正念教给来访者。正如我在那一章中提到的，虽然正念看起来很简单，就像常识一样，但实际上练习起来很难。因此，我发现将正念分解成更小的步骤很有帮助。因此在这一章中，我将概述如何用心理记录和不评判技能做到这一点。

心理记录

当来访者第一次开始练习正念时，为了帮助他们，把这个技能分解成较小的步骤很有帮助，当事件发生时在心里记下它们。心理记录，也称为见证（witnessing），是莱恩汉（1993b）称之为观察和描述的 DBT 技能。这项技能背后的理念即首先以不评判的方式，每时每刻地观察体验，只是感知或注意所发生的事情，然后不评判地描述这种体验。

例如，不要对自己说，"今天的天气很糟糕"，而是在心里记下，"今天是灰色的，下着雨，这让我感觉很无聊"。或者不要陷入悲伤的情绪中并对自己说，"我很沮丧、很无望，事情永远不会变好，我不知道将要如何处理"。你在心里记下你的体验：我现在感到极度沮丧和无望；我想哭、想尖叫；我的想法一直延伸到未来，我很难克制住伤害自己的冲动。

只是观察

对情绪的心理记录可以帮助来访者不陷入其中。焦虑就是一个很好的例子，它很容易升级，因为焦虑的感觉通常是可怕的，使人们感到更加焦虑，他们也许会对自己说："哦不！那种感觉又来了。如果我惊恐发作，做了一些让我在所有这些人面前看起来很愚蠢的事情怎么办？这永远不会结束吗？我觉得我正在失去理智。如果我疯了呢？"通常，人们对焦虑的想法会使得他们更加焦虑。对焦虑的心理记录可以防止或至少减少这种情况。举几个例子："我开始感到焦虑了""我的胃里有一个结，我开始有担心的想法""我的心开始狂跳，我担心会惊恐发作"。

你可能会看到为什么这个技能也被称为见证，因为它基本上涉及陈述你此刻的一切体验。当你把这个技能教给来访者时，提醒他们放下评判；当他们在心理记录时，他们是客观的观察者，只是描述他们体验的那些。事情没有好坏，也没有对错；它们就是这样。

心理记录内部体验和外部体验的比较

我们可以意识到有两种类型的事件：内部事件发生在我们自身内部，包括记忆、想法、进入头脑的图像、冲动、情感和躯体感觉；外部事件发生在身体之外。

虽然心理记录可以应用于任何体验，但重要的是要认识到，有些人更关注内在，已经非常清楚自己的内在体验——有时过分了解以至于会察觉不到外部发生的事情。相反，有些人更关注外部，非常清楚他们所处的环境中发生了什么，但对内部发生的事情却不太了解。

对于调节情绪有困难的人来说，这种关注可以是双向的。一个来访者可能与他的内在体验如此契合，以至于他很难意识到其他任何事，这放大了他的情感体验，使其更难被耐受。或者他可能与周围的环境太契合了，以至于完全意识不到自己内心在发生什么。对于这两种类型的来访者——过度意识到情绪痛苦的人和忽视或回避情绪痛苦的人——管理他们的情绪和由他们的情绪痛苦导致的行为更加困难。

当你第一次教来访者心理记录时，重要的是与他们一起评估他们是更多地属于这一类还是那一类。如果他们这样做了，让他们专注于相反的方面：要求那些与他们的内在体验非常契合的人专注于心理记录外部体验，反之亦然。练习心理记录他们没有接触到的体验会帮助他们变得更加平衡，增加他们对内在和外在体验的觉知。这将增强他们管理情绪的能力。

不评判

如果你在教来访者不评判的技能，你可能已经有了一个好的想法，那就是这将是一个对他们有用的技能。我通常通过让来访者考虑自己的评判来介绍这种技能：他认为自己有评判他人、自己或两者的倾向吗？我想我从未遇到过两者都不具备的来访者，但如果你遇到这样的来访者，显然这是一项你不必教授的技能——记住，DBT 是灵活的！也就是说，人们经常意识不到他们的评判，所以帮助来访者仔细考虑任何评判的倾向以及这在他们的生活中扮演的角色是很重要的。

像正念一样，不评判是一种来访者倾向于抵制的技能，不是因为它没有意义，而是因为它很难。所以你的工作就是让这项技能尽可能地平易近人，不那么让人害怕。与来访者分享以下关于评判的信息可以帮助他们接受这项技能。

何为评判

"评判"一词是指以某种方式对某人或某事进行积极或消极的评估或

评价的行为。例如，如果你的女儿考试得了 A，她是一个"好"女孩，或者如果隔壁的邻居不与人交往，他们是"奇怪的"。而当你停下来注意的时候，你会发现你可能在习惯性地评判：你朋友的男朋友是个"失败者"，因为他那样对待她，或者你晚餐吃的牛排"棒极了"。事实上，如果你试着不去评判，你可能会发现，只是体验一些事情而不去用这种方式给它们贴标签是相当困难的。

不做评判如此困难的一个原因是，在我们的社会中，评判比比皆是。我们中的大多数人从我们能理解语言的时候就听到了评判，所以我们长大后变得好评判是有道理的。因为我们在这么小的时候就养成了这个习惯，我们的大脑变成了评判机器。对我们中的许多人来说，评判是如此地自动化，以至于我们通常甚至没有意识到它们。例如，当我向来访者教授这种技能时，他们通常会说："是的，我真的不擅长评判。"就在这里，我们谈论着评判，而他们并没有意识到他们在那一刻正在评判自己！

评判造成的问题

因为评判是一种如此自动化的行为，改变它通常是一个相当大的挑战。在你开始帮助来访者这样做之前，你需要说服他们努力减少这种行为是很重要的。所以我们来看看评判到底有什么"不好"的地方。

评判是火上浇油

如前所述，评判可以是积极的或消极的。我们通常不关心积极的评判，因为它们通常不会引发情绪上的痛苦。然而，莱恩汉（1993b）指出，积极的评判也不是理想的，因为它们为消极的评判创造了假设或语境背景。例如，如果你认为一个朋友是"好的"，他可以做某事让他变成"坏的"。在很大程度上，我认为对我们来说意识到积极和消极的评判都很重要，这样我们可以选择是否要评判，但我在这里的重点是减少负面评价，因为它们会引起情绪上的痛苦。

更多的时候,消极的评判来自痛苦的情绪:人们感到受伤、愤怒、厌恶或其他痛苦的情绪,这种情绪导致他们做出评判。但这种评判的一个影响是增加情绪,这导致更多的评判,从而引发更多的情绪上的痛苦,等等。换句话说,评判通常会增加情绪的强度,使人陷入恶性循环。

一些来访者不同意这一点,说他们发泄情绪会有助于他们感觉更好。在这种情况下,请他们仔细考虑他们是否真的感觉更好。研究表明,发泄愤怒(包括评判)实际上会增加愤怒和攻击的感觉,很可能是火上浇油,并且会增加愤怒的想法和冲动,导致更多愤怒的情绪和行为(Koole,2009)。如果来访者不接受这一点,通过让他心理记录会谈中的体验来帮助他。这里有一个例子,或许你可以用这种方式和来访者一起解决这个问题:

治疗师:我理解你没有看到评判和体验更强烈的情绪之间的联系。我们通常不太注意我们的想法如何影响我们。但是你愿意和我一起做个实验来验证这一点吗?

来访者:我想是的。

治疗师:太好了!我想让你做的是:想一下你最近做出的一个评判。也许它发生在你和某人的争论中,也许有人把你堵在路上,或者你为了某事评判了自己。花点儿时间想想你既往做出的一个评判。

来访者:好的。当我离开家时,我看到我儿子的午餐袋放在厨房台面上,意识到我忘记把它放在他的背包里了。

治疗师:很好的例子。你能回忆起在那种情况下你做出了什么评判吗?

来访者:我简直不敢相信我竟然忘了他的午餐,这太蠢了,我可能会说自己是个糟糕的母亲。

治疗师:好的,很好。现在我想要你真正集中在这两个想法上——"我很蠢"和"我是个糟糕的母亲"。对自己说上几遍,聚焦在你忘了给儿子送午餐这件事上。当你这样做的时候，我希望你心里记录你正在体验的事情。大声说出来：只是观察以及向我描述一下你的体验。

来访者： 好的。我感觉很糟。我又有了这样的想法——"我不敢相信我能这么蠢"，这让我想起了我第一次怀孕的时候，我妈妈告诉我她没想到我能成功抚养一个孩子。这让我感到难过，现在我感觉想哭（眼含泪水）。我告诉自己我妈妈是对的——我是个糟糕的母亲。我感到自责。

与来访者做这类练习后，认可是至关重要的。支持他们，对他们完成这个练习表示感谢，然后寻求反馈。他们注意到，一旦他们集中注意力，他们的评判和他们情绪的增加之间的任何联系了吗？希望他们做到了（来访者通常会做到，只要他们集中了注意力）。如果他们没有，不要气馁；在来访者能看到两者的联系前，有时候只是需要一些练习去正念地对待一次体验。

我还附上了一张评判性思维监测表（见表 6-1），我会与需要额外说服的来访者一起使用。当来访者完成监测表——注意到消极的评判、诱发消极评判的情境、因此而额外产生的情绪，然后评估结果——他们会更加意识到自己正在评判的事实以及这些评判通常会产生的后果，正如评判性思维监测表示例（见表 6-2）所展示的这样。请随意复制空白表格（见表 6-2），如果你想的话，和来访者一起使用它。

表 6-1 评判性思维监测表

情境	对情境的情绪	由情绪导致的评判	由评判诱发的额外情绪	结果（它是积极的还是消极的？它帮助你向目标努力了吗？）

表 6-2 评判性思维监测表示例

情境	对情境的情绪	由情绪导致的评判	由评判诱发的额外情绪	结果（它是积极的还是消极的？它帮助你向目标努力了吗？）
我正在开车，被堵在一辆开得极慢的卡车后面	感到沮丧	这个家伙压根儿不知道怎么开车，真是个蠢货	愤怒	我变得更生气了
一个同事说了一些不友善的话	感到受伤	她不应该这样对待我。她真是个巫婆	愤怒	我的脾气失控了，朝她大声喊叫。然后我对自己大声喊叫感到很糟糕
我做了一些额外的工作；然后我的团队领导告诉我我不应该做这些	感到受伤、震惊、困惑、沮丧	他搞什么？真是难以置信！他是个糟糕的团队领导	暴怒	我沉溺于这件事很长时间并且在愤怒中工作。这简直于事无补。它没有改变任何东西，而让我更情绪化
我最好的朋友几乎不再给我打电话。我们聊天或者聚会都是我主动的	感到受伤、烦恼	他很自私。他应该在我们的友谊上付出更多	愤怒	我越来越生气，决定给他打电话并痛骂他一顿。我告诉了他我的想法并说了一些伤人的话。他把我的电话挂了

当然，负面的判断并不总是会引发更多的情绪。例如，想象你去冰箱拿一些奶酪，看到你的切达奶酪呈现出一种可怕的绿色。你可能会说："哦不！奶酪坏了。"没错，"坏"是一种评判，但这种评判很可能并没有引发你任何情绪上的痛苦，因为最初让你做出评判的并不是情绪上的痛苦。在这种情况下，"坏"只是说奶酪发霉了、味道变质了的一种简略方式。

评判无法提供有用的信息

除了引发更多的痛苦，评判也是无益的，因为它们没有提供有用的信息。我们大多数人可能都明白"奶酪坏了"是什么意思，但是如果你告诉一个朋友你认为她的男朋友是个失败者，她可能不知道你到底是什么意思。你可能意味着你不喜欢他对待她的方式，你不赞成他没有工作的事实，还有很多。评判是表达某些事的一种简略方式——我们贴在事物上的一个快速标签，而不是说出我们真正的意思。

自我评判是有害的

不管这个评判是什么含义,有一点是肯定的:消极的评判是有害的。无论人们是对他人还是对自己做出评判,都是如此。当我第一次提出这个建议时,人们往往不相信。我发现解释这一点最有力的方式是将其与言语霸凌相比较,比如在下面的对话中,同样是关于那个忘记让儿子把午餐盒带到学校的来访者:

治疗师: 想想一个人在言语霸凌的情况下。(你或许可以使用来访者自己的例子,如果她曾经处于遭受言语霸凌的关系中。)她的伴侣时常告诉她,她很愚蠢,没有价值,不可爱,她再也找不到其他人来忍受她,等等。你可能听说过,当你不断被告知这类事情时,随着时间的推移,你会相信它们。当你评判自己时,你实际上是在言语霸凌自己。比如,这是你第一次说自己是个糟糕的母亲吗?

来访者: 不。当我觉得我没有处理好我儿子的事情的时候,它是我的一个主要想法。

治疗师: 没错。你越是经常告诉自己你是个糟糕的母亲,你就越是相信这一点。

指出大多数人对自己都很苛刻这一点很重要;俗话说,我们是自己最糟糕的评论家。但自我评判往往对情绪失调的来访者来说尤其成问题,部分原因是不认可的环境教会了他们严苛地回应任何察觉到的失败(Swales & Heard, 2009)。当一个人经常被告知他在某些方面是错的——例如,他的想法、感觉或信念是不正确的、无效的、愚蠢的、荒谬的、白痴的、疯狂的,等等——他开始自动假设这是真的,并开始以同样的方式评判自己。这是习得的行为,他在评判自己这一点可以理解,但这也没有帮助,也不是他需要继续努力的东西。

消极的评判也伤害了他人。我们将在第 12 章中学习对关系有帮助的技能。现在，请记住，评判他人显然会对来访者的关系产生负面影响。

不只是语言的问题

重要的是要向来访者指出，有时我们不用语言来评判。评判可以以面部表情或语调的形式出现。例如，想象你和你的老板进行一次通话。你可能会说，"我当然理解这件事的重要性"，同时翻了个白眼。虽然你没有大声评判你的老板，但是翻白眼会让任何观察者知道你在那一刻是在评判。

同样，你的语调也会出卖你的态度。继续前面的例子，假设你挂了电话，向你的同事总结对话："杰姬说她想让我把包裹交给快递员，而不是让他们去取包裹。这很有道理。"虽然语气很难在这些书页中传达出来，但你可以想象最后一句话，"这很有道理"，这是一种不评判的陈述——只是一个事实陈述，可能表明你同意这个决定，它对你来说是有意义的。然而，如果给予不同的语调或重音（例如，"**这**很有道理"），它就可能是一个评判，表明你实际上认为这个决定是愚蠢的或者没有意义的。

有时候评判也是有必要的

在你开始教来访者如何不评判之前，他们还需要了解最后一条信息：不评判的技能不是根除评判。和前面的例子一样，说奶酪是坏的没有问题。一生中总有需要评判的时候。在工作中做业绩评估，在学校给作业打分，评估一个情况是否安全，评估你的行为以便从你的错误中学习——这些都是评判的例子，你可以看到它们多么必要。

向来访者指出，要放弃的评判是那些增加他们情绪上的痛苦的评判。鉴于他们难以管理自己的情绪，他们所能做的任何减少他们所体验到的痛苦的事情都将有助于他们改善调节自身情绪的能力。同样，你要尽量让这种技能对来访者来说是可行的，所以确保你强调不会期待他们100%的时间都不评判。相反，当他们注意到自己正在感受似乎与所处的情境不相称的痛苦，或他们突然体验了一种痛苦的情绪，尤其是愤怒或一些类似的情绪时，这就是他们放弃评判的时候。

关于评判，我们所能做的

关注一种行为通常会在某种程度上改变这种行为（Ramnerö & Törneke，2008），所以首先要做的是让来访者增加他们对自己评判的觉知。这里有几个技术是有用的：填写评判性思维监测表；做正念练习，帮助他们观察自己的想法，这样他们会更频繁地注意到自己的评判性思维；只是统计他们一天中评判了多少次（或者如果他们在一天中的某个时间段评判了很多次也可以）。一旦他们意识到自己的评判，下一步就是让来访者把他们改为不评判或中性的陈述，这是我们接下来要学习的。如果你在个体会谈中指出他们的评判，这也将非常有用。当他们说一些评判性的话时，以温和的方式吸引他们的注意，并邀请他们将其改为中性的说法。

一旦来访者能够识别出一个评判，下一步就是把它变成一个不评判的陈述：一个以不评判的方式处理相同情况的中性陈述。换句话说，这意味着说同样的事情——表达对某事的观点和情绪——但不带评判。向来访者强调，不评判并不意味着被动；相反，这是自信的表现。这和说出你真正的意思和谈论你的情绪相关，而不是仅仅将简略和评判的标签拍在事物上。

经验告诉我，这是一个人们很难掌握的技能，因为评判对我们大多数人来说太容易了。我发现，教来访者如何将评判转化为中性陈述的最有效方法是举例。让来访者回想他们做出评判的时候。我们大多数人倾向于在生活中对某些人（包括我们自己）十分严厉，或者经常与某些人发生分歧，以至于我们可以想起我们对他们进行评价的那些时候。类似地，我们通常可以想到我们经常处理的情境，例如高峰时间的交通，这导致了评判。鉴于这些建议，大多数人只要用心，就能想出评判的例子。

一旦来访者有了一个例子，就向他们提供这个将评判变成不评判的公式：第一，描述情境事实；第二，表达他们对这种情境的情绪——是什么样的感受导致他们做出这种评判？这里有一些例子，摘自表6-2。

评　判：这个家伙压根儿不知道怎么开车，真是个蠢货。
非评判：我前面的那个家伙正以每小时30多公里在限速以下行驶，我对他感到很沮丧。

评　判：她不应该这样对待我。她真是个巫婆。
非评判：我的同事对我说了一些不友好的话，我感到受伤，并对她很生气。

评　判：他搞什么？真是难以置信！他是个糟糕的团队领导。
非评判：我做了一些额外的工作，现在我的团队领导告诉我这样做是错误的。我对他的反应感到震惊、受伤和愤怒。我不理解他的反应，我也不认为他很有效地处理了这种情况。

评　判：他很自私。他应该在我们的友谊上付出更多。
非评判：我们几乎不再说话，除非我主动给他打电话。对他来说，我们的友谊似乎无足轻重，我感到受伤，对他心存埋怨。

认可

当你教授非评判的技能时，一定要给予他们许多认可，因为人们经常因为评判而贬低自己。一定要向来访者指出，他们在这项技能上存在困难是有道理的，因为这真的很难！如果他们经常评判自己，向他们解释这也是有道理的，尤其是如果他们在成长过程中从父母那里听到很多评判的时候。在这种情况下，我想指出的是，这不是在责怪他们的父母，因为他们从父母那里学会了如何沟通，等等。让来访者听到你关于评判的一些体验也能起到认可的效果，所以不要害怕去提供一些你自己的例子。记住，要建立治疗关系的信任，这种类型的自我暴露还有很长一段路要走，因为你在展示你也是人。这也有助于来访者看到你自己也在练习这种技能，因此可以理解他们可能遇到的困难。

小 结

在这一章中,我们已经学习了帮助来访者进行正念练习的额外技能:心理记录和不评判。本书中的许多其他技能都建立在这些之上,因此它们为帮助来访者更有效地管理他们的情绪奠定了良好的基础或起点。在下一章,我将继续以此为基础,探讨三种不同的思维方式,以及理解它们如何能够建立自我觉知,并帮助来访者减少情绪控制他们的程度,让他们能更有效地生活。

第 7 章

帮助来访者减轻情绪反应

在本书的第二部分，我们已经学习了帮助来访者变得更加正念的技能，这样他们就可以更有效地管理自己的情绪。同样地，这一章继续探究我们都拥有的三种不同的思维方式，以及它们如何影响来访者是继续根据自己的情绪做出反应，还是学会如何更有效地管理自己的情绪。我还将讨论一些生活方式的改变，可以帮助来访者减少他们的情绪脆弱性。

三种思维方式

莱恩汉（1993b）概述了三种思维状态，或我们思考问题的方式：理智自我、情绪自我和智慧自我。我通常发现，在正念技能之后立即教给来访者这些思维方式是最有效的，因为这有助于提高来访者的自我觉知。

理智自我

在教授来访者三种思维方式时，我首先描述理智自我：当我们进行逻辑思考或推理时，我们使用的那部分自我。当我们使用自己的这一部分时，只有很少或没有情绪参与。如果有情绪存在，它们不会显著影响我们的行为。相反，重点是有逻辑地思考一些事情：组织你一天的工作，给保姆留下指示，决定你是开车还是乘地铁去上班，在会议上做记录，等等。

给来访者举一些例子，然后让他们想一想他们凭理智自我行事的时候。这可能需要一段时间，你可能需要提供帮助，但来访者通常至少可以提供一个例子。

情绪自我

大多数来访者都不难举出他们凭情绪自我行事的例子——这往往会让我们陷入麻烦，因为我们的行为受到我们当下感受到的情绪的控制。我给来访者举了一些具有普遍性的例子，比如感到愤怒并朝某人发火，感到焦虑并回避任何导致焦虑的事情，或者感到沮丧、退缩和孤独。然后，我让来访者想一些他们自己的例子：他们什么时候凭情绪自我行事？通常来访者会认同这种思维方式，他们很容易找到例子。如果没有，你可能已经对某个来访者有了足够的了解，知道他为什么要来治疗，可以用一些例子来提示他。

智慧自我

困难往往在于让来访者看到他们有一个智慧自我——这是理智自我、情绪自我和直觉的结合（Linehan, 1993b）。换句话说，我们感受到了自己的情绪，而且仍然能够静下心来思考，我们权衡自己行为的后果，并选择以一种从长远来看最符合我们利益的方式行事，即使这意味着以一种相当困难的方式行事。再者，提供一些例子：你和你的伴侣发生了争执，你没有说出出现在脑海中的伤人的话，而是咬着舌头，因为你知道你之后会后悔。你有喝酒的冲动，但你的一部分意识到这是无效的应对方式，所以你打电话给你的母亲或去参加戒酒会来替代。

同样重要的是，要向来访者指出，凭借智慧自我行事并不一定有巨大的成就。再举些小例子。你早上醒来时心情低落，天很冷，外面还是一片漆黑，你的第一个冲动就是打电话请病假。但是你却在床上翻身，关掉闹钟，起床。这就是你的智慧自我。或者说现在是下午 5 点，你的伴侣马上就要下班回家了，你答应过要做晚饭，但是你已经筋疲力尽，不想做饭。然而你还是做了。这就是你的智慧自我。

有时来访者会说这样的话："但是我必须去工作，因为我必须支付账单；这不叫作行事明智。"但事实是，没有人必须去工作，我们选择去工作。我们可以选择不去，这样就不会支付账单。当你做出起床去工作的选择时，这个选择来自你的智慧自我。你权衡了后果，并决定了从长远来看什么更为有效，尽管这并不容易做到。

如何去接近智慧自我

通常，仅仅意识到我们思考事物的不同方式就能帮助来访者更频繁地接近他们的智慧自我。但是你也可以教来访者一些技能来帮助加快这个过程，具体在下面的章节中会有描述。

带着情绪心理记录

带着情绪使用正念技能心理记录（第 6 章讨论的）可以帮助来访者接近他们的智慧自我。我发现下面的类比有助于向来访者解释这个概念，并说明它如何能帮助他们接近智慧自我：

治疗师：把你的情绪想象成龙卷风。因为你很难调节自己的情绪，现在当你体验一种情绪时，你容易被它卷入。这种情绪掌控了你，让你失控，就像龙卷风对途经的一切做的一样。心理记录你的情绪体验有助于你在自己和情绪之间保持一点儿距离，这样你就可以在一个安全的距离外观察龙卷风，而不是被卷入其中。你仍然与这种情绪保持联系，仍然体验它的感觉，但不受它的支配——就像如果你站在龙卷风的安全距离外，你仍然能够感受到雨和风，观察到雷声和闪电，但不会被卷入旋风。

提高自我对话的能力

另一种你可以帮助来访者接近智慧自我的方法是通过他的自我对话。我们经常听到来访者评价自己，贬低自己，普遍对自己非常苛刻（同时让我们承认吧，我们自己有时也会这样做）。来访者越是这样折磨自己，他就越会被自己的情绪所绑架，对他来说也就越难接近他的智慧自我。用不评判自己的技能帮助来访者努力改变这种状况。提醒他们如何对自己说话会影响他们对事物的想法和感受。鼓励他们去想一想他们真正关心的人，用他们可能对那个人说话的方式对自己说话。这将有助于他们善待自己，也将有助于他们接近他们的智慧自我。

专注于当下

还有一种帮助来访者接近智慧自我的 DBT 技能，那就是专注于当下以及他们在此刻碰巧发现的任何事情（Linehan, 1993b）。通过对他们此刻正在做的任何活动进行正念练习，他们可以从痛苦的情绪中转移自己的注意力。再次强调，通过为来访者将技能个性化来帮助他们。这里有一个之前章节里来访者的例子，她认为自己是一个糟糕的母亲：

> **治疗师**：下次发生了什么让你想起那些关于你是一个多么糟糕的母亲的、陈旧的自我挫败的信息时，正念地聚焦在你需要做的事情上。如果你注意到你儿子的午餐放在台面上，对自己说，"我正在从台面上拿走午餐袋""我正在去拿外套和车钥匙""我正在穿上鞋，从壁橱里拿出钱包""我正沿着人行道走向汽车"，等等。

通过专注于当下，来访者可以更多地停留在此时此刻，而不是思考他们已经犯下的一些错误，并因此评判自己，陷入过去其他人伤人的评论，等等。相反，他们可以一步一步来，专注于此刻需要做的事情。

虽然专注于此刻是正念，但这只是正念的一部分。正如先前所讨论的，另一部分是不评判或接纳。（我将在第10章深入讨论接纳的技能。）无论来访者在聚焦此刻时注意到了什么，他们也应该努力接纳，因为不接纳就是评判，而评判会增加情绪上的痛苦。当情绪紧张时，接近智慧自我要困难得多，所以通过练习聚焦此刻的技能，来访者将发展出更大的能力接近他们的智慧自我。

每当来访者注意到痛苦的情绪出现时，治疗师可以鼓励来访者学习这种技能，正念地聚焦于他们此刻正在做的任何事情。如果来访者在洗碗，他应该只聚焦于此：清洗每个盘子的动作、手上肥皂的感觉、水的温度，等等。如果他在工作，他应该聚焦于与工作相关的任务：做他的工作，检查电子邮件，回电话，会见客户，与老板交谈，等等。与此同时，他应该尽可能努力接纳任何碰巧进入他的意识中的事情，不管是一种情绪、一种想法、一种身体上的感觉，还是其他什么。和正念一样，所关注的是此刻的直接体验，当注意力从这一刻移开时，他应该温和地将注意力带回来，不进行评判。

调整影响情绪调节的生活方式

大多数有效的心理治疗会检查影响来访者情绪状态的生活方式因素。在DBT方面，解决这些问题的技能被称为帮助减少情绪脆弱性的技能（Linehan，1993b）。从本质上讲，这是关于评估来访者生活方式的不同方面，并帮助他们在这些方面做出改变，以减少他们的情绪反应，提高他们根据智慧自我采取行动的能力。

平衡睡眠

没有足够的睡眠很难拥有正常的生活状态，然而大多数人都睡眠不足，每晚睡眠时间都比身体所需时间少约一小时。考虑到我们所处的这个繁忙的世界，当我向来访者提出这个话题时，我往往会得到各种各样的借口来解释为什么他们不能多睡一会儿：通勤、孩子的游泳课、家务，等等。无论如何，基本的现实是你不能强迫来访者做你知道对他们有帮助的事情。你可以指出要使睡眠（以及普遍的自我照料）更为优先是他们在凭借自己的智慧自我行事，就像去工作没有商量的余地一样，自我照料也同样不应该有商量的余地，但最终你必须给来访者一个为自己做决定的空间。

尽管如此，你还是可以施加一些影响，解释睡眠剥夺会损害记忆，与注意力和警觉性下降有关，并增加易怒和情绪的不稳定。此外，根据范德赫尔姆和沃克（2010），"睡眠不足似乎变相地会扰乱情感体验的学习，潜在地造成负面情绪记忆的支配地位"（p.258）。换句话说，睡眠不足导致人们对情绪情境的记忆比实际情况更加消极。

当然，并不是所有的来访者都是主动剥夺睡眠的。我一直在和一个患有失眠症的年轻人一起工作。他尝试了我所有改善睡眠的建议，但都无济于事，最后同意了与他的精神科医生一起尝试药物治疗，看看这是否能改善他的睡眠。他还咨询了一个睡眠门诊来评估这个问题。然而，对于我们的大多数来访者来说，他们可以做一些事情来改善睡眠。以下是一些例子：

- 早点儿睡或晚点儿起。
- 减少或消除咖啡因、尼古丁等的使用。
- 按照处方服用安眠药（和其他药物），或使用医生或药师批准的草药，如缬草、褪黑激素或甘菊茶。
- 晚上早点儿吃饭，不要空腹睡觉。

- 确保卧室温度舒适，光线和噪声较弱，床只用于睡觉，而不是看电视、用电脑工作等。
- 建立一个结束一天的惯例，留出时间进行让身体做好睡眠准备的活动。例如，看一些没有压力的电视节目，进行消遣的阅读，洗个热水澡，听一张放松的 CD，祈祷或者冥想，等等。

然而对我们的一些来访者来说，问题在于获取足够的睡眠，而对其他人来说，问题在于睡眠过多。有些人在情绪强烈时会用睡觉来逃避，他们不知道别的应对方法。对其他人来说，睡眠缓解了无聊。然而，人们往往没有意识到，睡得太多会降低他们调节情绪的能力，更不用说让他们感到更加疲劳和昏昏欲睡，精力不足，甚至易怒。

帮助你的来访者平衡睡眠时间：不宜太多也不宜太少。如果来访者睡眠过多，鼓励他逐渐减少睡眠时间，从比平时晚 15 分钟上床或者早 15 分钟醒来开始。每隔几天，他可以再减少 15 分钟的睡眠时间。

我相信我们都有一个理想的睡眠时间来保持最佳状态。努力帮助来访者找到这个理想的睡眠时间。根据我的经验，人们通常需要 7 到 10 个小时之间的睡眠。然而，这是一个非常个性化的需求，每个人都是不同的，所以询问来访者：他们知道自己理想的睡眠时间吗？如果不知道，他们能回忆起他们经常感到休息和状态良好的时候吗？如果是这样的话，那时候他们通常睡几个小时？

如果来访者不能像这样回忆起睡眠时间，那么就要实验一下。如果他看起来睡得太多，让他开始慢慢减少睡眠时间，如果他看起来睡眠不足，让他慢慢增加睡眠时间。让来访者在做这件事的时候同时记录日志是很有帮助的，记录下他前一天晚上睡了几个小时，他白天的心情如何，他是否感到易怒、疲劳等。希望这个过程能帮助他确定最适合他的睡眠时间。如果没有，让他与他的医生探索其他可能的影响因素。有时人们用药过量或不足，导致睡眠质量差或如同"宿醉"的昏睡感。有时甲状腺问题、睡眠呼吸暂停或其他身体状况会导致疲劳或失眠，医生也可以评估这些问题。

治疗躯体疾病

躯体疾病通常会让人们更难控制自己的情绪。当人们患有糖尿病、高血压或低血压，或心脏病等身体状况时，为了限制疾病的生理效应，按处方服药显然很重要。但心理学视角也很重要。当身体状况未经治疗时，它们会在体内产生类似焦虑或抑郁的感觉，或者只是让人们在情绪上更加脆弱。

想想当你得了流感、感冒或链球菌咽喉炎时，你感觉有多糟糕，以及生病如何影响了你。很可能你感到更加易怒和无精打采，更加缺乏耐心和精力。无论来访者是在应对流感还是心脏疾病，重要的是他们要服用针对这种情况的处方药物，并遵循其他医生的治疗建议。当处理像流感或感冒这样暂时性的疾病时，他们需要尽可能地减少自己的职责，这样他们就可以得到更多的休息，好好照顾自己。

慢性疼痛状况也是需要考虑的重要因素。我们都曾有过某种痛苦，所以你可以想象这对持续体验痛苦的人会有什么影响。痛苦使人更加易怒和缺乏耐心，如果某些事情引发了情绪上的痛苦，就更难控制感受。如果来访者患有慢性疼痛，这是一个额外的挑战，让他意识到这一点很重要。虽然他可以遵循医嘱并按处方服药，但慢性疼痛通常意味着来访者被疼痛困扰，不得不学会和疼痛共处以及不让疼痛限制他更有效地管理情绪的能力。如果慢性疼痛是一个问题，针对这个问题考虑推荐患者加入正念团体，这种干预非常有帮助。

减少改变情绪的物质使用

药物和酒精被称为改变情绪的物质是有原因的：它们会改变一个人的情绪，而这个人无法控制自己的情绪是如何改变的。人们通常报告说，他们用酒精来帮助他们放松，但是酒精的脱抑制影响经常转化为身体上的攻击性、大喊大叫和尖叫、流泪等。如果一个人已经很难控制他的情绪，增加药物或酒精的不可预测的影响是明智的吗？

一些来访者用酒精来帮助他们睡眠。重要的是要告诉这些来访者，由于酒精的反跳效应，酒精实际上对睡眠有负面影响。饮酒后四至五小时，反跳效应来袭，人们通常会发现自己很清醒（Roehrs & Roth，2001）。此外，研究人员发现，睡前一小时内饮酒似乎会扰乱睡眠的后半段，因此人们不会获得之前那样的深度睡眠（Landolt, Roth, Dijk, & Borbely, 1996）。

还有一些来访者使用药物或酒精来帮助麻木他们的情绪，这样他们就不必处理这些情绪了。这是有道理的，因此我们需要认可它，表明我们理解它，同时鼓励他们把这作为一个目标来努力，因为这是不健康的，甚至可能是自我毁灭的。

你的第一个挑战可能是让来访者意识到毒品和酒精是一个问题。进行行为分析（在第3章讨论过）会对此有所帮助。但是即使人们能看见一种行为是有问题的，他们可能仍然不想改变它。在这种情况下，你的下一个挑战就是让他们设定关于减少使用的小目标——记住，如果来访者还不愿意把某件事作为目标，你需要接纳这一点，慢慢地随着时间继续推动改变。

改善营养

令人惊讶的是，人们似乎常常不理解营养和心理健康之间的联系。每一次我评估来访者，他们告诉我，他们不吃早餐，跳过午餐，或直到当天晚些时候再吃。有时人们只是因为忙而忘记吃饭。有些人因为情绪苦恼而没有食欲，有些人就是不想好好吃饭。不管是什么原因，教授来访者不良饮食习惯与情绪和焦虑之间的联系是必要的，因为这将强调正确饮食的重要性。

每个人都听说过人如其食这样的陈词滥调，但是出于一些原因，许多人没有把这句箴言与他们的精神和情绪感受联系起来。你吃的东西不仅仅影响身体健康，还会影响日常生活中总体上的情绪。为了让大脑与身体的其他部分交流，它需要神经递质，如血清素，这是由我们所吃食物中的营养成分制成的。向来访者解释，吃得不够，或者饮食不均衡，营养不良，会阻止身体产生足够的化学物质，从而会导致抑郁和焦虑。

还要解释，不吃饭会使血糖水平降得太低，吃淀粉类、糖类食物或精细碳水化合物会使血糖水平升高太多。血糖水平的波动会使人易怒、健忘或悲伤。此外，吃得不够会导致情绪反应，压力水平更高，整体幸福感降低。对儿童的研究表明，不吃早餐对问题解决、短期记忆和注意力有负面影响，吃早餐能增加积极的情绪、满足感和警觉性（Logan，2006）。

当然，如果来访者有厌食症或暴食症，这必须在治疗中由你或者有进食障碍经历的某人提出——由于这些障碍带来的健康风险，宜早不宜迟。如果你自己治疗进食障碍，确保来访者已经看过医生，并告知你他的身体足够健康以接受此种治疗。

增强锻炼

锻炼当然是一种天然的抗抑郁剂。它促进内啡肽的释放，这类化学物质在大脑中帮助我们放松和感到快乐。锻炼本身也的确能帮助人们对自己感觉良好，因为他们知道自己在有效地行动，并正在做对自己有益的事情。一些研究（如 Brenes et al.，2007）表明，锻炼和抗抑郁药在减轻被诊断为重度抑郁的成年人的抑郁症状方面一样有效。锻炼的生物效应和心理效应（提高自我效能和自尊并减少消极思维）被认为是对情绪产生积极影响的原因。

此外，有大量证据表明，锻炼对血压和心血管疾病有积极影响，改善学习和记忆，延缓与年龄相关的认知下降，降低患痴呆症的风险，缓解糖尿病、骨质疏松症和阿尔茨海默病等疾病的症状（Barbour, Edenfield, & Blumenthal，2007）。

虽然有关于人们应该进行多少锻炼的一些指导原则，但我通常会告诉来访者，任何超出他们目前运动量的运动都是一个好的开始。这有助于减轻压力，并使他们更有可能实际增加锻炼，但告诉他们需要每周锻炼三次，每次 20 分钟，可能会让他们不知所措，导致他们一点儿都不锻炼。另外，如果你正在和一个存在进食障碍的来访者一起工作，你可能会需要反其道而行之，鼓励减少强迫性或过度的运动。

小　结

在这一章中，你学习了三种不同的思维方式：理智自我、情绪自我和智慧自我。让来访者思考这些思维状态是很重要的，所以请他们开始密切关注他们此刻正在使用的思维方式。他们不必写下任何东西，这只是为了提高觉知。让来访者考虑他们是否可以改变一些生活方式，以减少他们容易受情绪自我控制的脆弱性，这也是有帮助的。如果是这样，帮助他们在这些方面设定小的、现实的、可实现的目标。虽然本章讨论的生活方式改变，对来访者来说可能看起来很简单，但这样的改变并不容易。与来访者一起评估这些领域，向他们提供信息，并提出建议。帮助他们设定现实的目标，希望他们能看到努力实现这些改变的重要性，即使这需要一些时间。在下一章，我们将讨论来访者需要哪些技能来帮助他们度过危机情况，而不使事情变得更糟。

DBT
Made Simple
第 8 章

帮助来访者度过危机：痛苦耐受技能

到目前为止，我们已经了解了从长远来看帮助来访者更有效地管理情绪的技能。但有时事情变得如此失控，这样重点必须变成只是帮助来访者活下去，或者至少度过危机，不要做出让情况变得更糟的行为。这就是 DBT 痛苦耐受技能的用武之地。

在这一章中，我们将首先看看成本 – 收益分析如何帮助来访者决定一种行为是没有帮助的，事实上可能是有害的。接着，我们将看看当来访者处于危机状况时，他们可以将自己从痛苦的想法和情绪中抽离出来的不同方式，这可以帮助他们不因冲动做出以前的问题行为。我们还将着眼于预先应对的技能，这可以帮助来访者在生活中变得更加有效。

识别问题行为

和往常一样，使用技能的第一步是帮助来访者增加他们的觉知。他们会做出哪些不健康甚至是自我毁灭的行为？一系列可能性包括饮酒或药物使用、赌博、自伤行为、威胁或试图自杀、朝关心他们的人发火、入店行窃、危险驾驶、饮食不足或过量，或者用睡觉来逃避现实。

当然，你定义不健康行为的想法可能与来访者不同。如果你相信来访者在危机时正在用不健康的行为来应对，而他不同意，那么完成对来访者行为的成本－收益分析可能会有所帮助。（我为此提供了一个工作表和一个示例。）

检查问题行为的成本和收益

当来访者看到一种行为的代价或消极后果时，对放弃这种行为感到矛盾且需要帮助，则可以使用 DBT 观察利弊的技能（Linehan，1993b）。进行成本－收益分析有助于他们最终接受这一点，这样他们就可以更自觉地做出决定，要么做出该行为，要么选择以另一种方式行事。在他们选择继续做出问题行为的情况下，成本－收益分析至少有助于他们认识到他们正在做出选择，而不仅仅是故态复萌。

我已经附上了成本－收益分析工作表（见表 8-1）来帮助你完成这个过程，还包含一个检查在愤怒中朝某人发火的行为示例（见表 8-2）。如果你与来访者共同填写工作表，并考虑做出或不做出某项行为的成本和收益的话，那是最有帮助的。首先让他们思考行为的成本和收益。来访者通常对此没有困难：他们知道他们如何发现行为是有帮助的，并且他们通常能看到至少一部分负面的东西。接着让他们从反面考虑：不做出该行为的成本和收益是什么？当他们不再诉诸该行为时会发生什么？

一旦来访者确定了每个领域的一些成本和收益，让他们按照从 1（非常不重要）到 5（非常重要）的数值对每个领域进行评分。这是为了让他们给每项成本和收益标上数值，而不是像传统的利弊表那样，只看每一栏中有多少项目，他们可以给每一种收益和成本都标上数值。这对行为是否真的有益或有害提供了更好的评估。

我喜欢在我的办公室与来访者开始填写工作表，然后让他们带回家继续填写。我会请他们在下一次会谈时将工作表带回来进行回顾。

表 8-1 成本-收益分析工作表

问题行为： _____
自毁性应对行为的收益： _____

_____   _____   _____   _____
_____   _____   _____   _____
_____   _____   _____   _____

总计： _____

自毁性应对行为的成本： _____

_____   _____   _____   _____
_____   _____   _____   _____
_____   _____   _____   _____

总计： _____

健康的应对行为的收益： _____

_____   _____   _____   _____
_____   _____   _____   _____
_____   _____   _____   _____

总计： _____

健康的应对行为的成本： _____

_____   _____   _____   _____
_____   _____   _____   _____
_____   _____   _____   _____

总计： _____

自毁性应对行为的收益 + 健康的应对行为的成本**总计** = _____
自毁性应对行为的成本 + 健康的应对行为的收益**总计** = _____

表 8-2 成本-收益分析工作表示例

问题行为： 在愤怒中朝人发火
自毁性应对行为的收益： 朝人发火

2	它使我快速得到缓解	2	它有时帮我得到我想要的
3	它帮助我保护自己	1	它是令人满意的
2	之后人们会小心地对待我	3	它帮助我有掌控感

总计： 13

（续）

自毁性应对行为的成本：朝人发火
- 5　人们不尊重我
- 3　我没有练习应对技能
- 5　有时候我最终伤害了我在乎的人
- 5　我不自重
- 5　有时使我的人际关系破裂

总计：23

健康的应对行为的收益：不朝人发火
- 5　这让我对自己感觉良好
- 3　我经常以一种健康的方式去获取我所需
- 3　它使我采用 DBT 技能
- 5　它改善了我的人际关系

总计：16

健康的应对行为的成本：不朝人发火
- 1　我没有表达我的真实想法
- 3　感觉像是放弃了控制感
- 3　使用 DBT 技能更加困难
- 2　我无法获得即时满足

总计：9

自毁性应对行为的收益 + 健康的应对行为的成本**总计** = 　22
自毁性应对行为的成本 + 健康的应对行为的收益**总计** = 　39

　　告诉来访者不要束缚自己，写下任何想到的属于四个类别中的东西。项目重复或有所重叠也没关系，重要的是来访者看到了一幅更大的图景，他们从一个不同的视角看待他们正在分析的行为并意识到它所附加的既有成本也有收益。

　　和利弊表相比，我喜欢这种成本－收益分析的地方在于，来访者不仅仅是在比较他们对每个类别给出了多少答案，他们正在关注的是每个类别中每个答案的权重。换句话说，通过给每个答案分配一个数值，来访者可以得出每个类别的总数，并（有希望）看到用健康的方式行事的收益和用不健康的方式行事的成本超过用不健康方式行事的收益和用健康方式行事的成本。（顺便说一下，你可能需要一段时间让自己思考一下，所以你可能想独立地做一两张工作表。）

　　除了帮助来访者决定设定一个停止不健康行为的目标之外，成本－收益分析还可以在整个过程中提供支持。考虑让来访者在另一张纸或他们可以随身携带的索引卡上写下用健康方式行事的收益和用不健康方式行事的成本。当他们开始体验到做出问题行为的冲动时，他们可以阅读收益和成本来提醒自己为什么他们不想依照冲动行事。

用 RESISTT 技能对抗冲动

虽然来访者通常很难改变惯性的问题行为，但是他们可以做很多事情来帮助自己不依照冲动行事。在 DBT 中，这被称为危机生存技能（Linehan, 1993b）。现在让我们根据英文首字母缩写词 RESISTT 进行了解：

重构（R）
正念地做一件事（E）
为其他人做一些事（S）
体验强烈的感觉（I）
将其拒之门外（S）
思考中性的想法（T）
休息一下（T）

重构

重构指的是改变一个人对某事的看法——换言之，帮助来访者把柠檬做成柠檬水（Linehan, 1993a）或帮助他们看到一线希望。当然，在这样做的时候，你必须小心，不要不认可来访者或最小化他们的担忧。例如：

来访者：我不敢相信我已经接受治疗并且做了这么多工作将近两年了，而我又开始暴食了。我无法停下，这到底怎么回事？我知道这有多不健康，我不想再增加体重了！

治疗师：是的，你在挣扎，安娜，但是考虑到你现在生活中的所有压力,这是有意义的(给予认可)。如果这是两年前,你认为你会如何应对正在发生的一切?

来访者: 嗯,我可能已经在医院了。至少,我会感觉想要自杀,并且不能很好地生活。

治疗师: 对。所以即使你回到了不健康的行为,你也不是两年前的你了。事实上,你现在比以前处理得好多了,对吗?

来访者: 是的,我想你是对的。

有许多不同的方式来重构。上面的对话是一个帮助一位来访者比较她现在和过去她不能良好应对时的例子。这个可以经常用来帮助来访者承认他们已经做出的改变,即使他们可能还在挣扎。

你也可以帮助来访者将自己与没有良好应对的某人进行比较。使用这种方法,重要的是要意识到并向来访者指出,这不是要轻视他人,而是关于改变来访者的观点或让他看到,虽然事情可能很困难,但它们其实可能更加糟糕。有些人很难用这种方式将自己和其他人进行比较,所以使用这种技术时要小心,并注意观察来访者的回应。借着与上面相同的情况,这里有一个你可以如何使用这个方法的例子:

来访者: 我不敢相信我已经接受治疗并且做了这么多工作将近两年了,而我又开始暴食了。我无法停下,这到底怎么回事?我知道这有多不健康,我不想再增加体重了!

治疗师: 我知道你现在很挣扎,安娜,但是考虑到你现在生活中的所有压力,这是有意义的(给予认可)。但是看看你已经走了多远。你正在使用技能,它们在很大程度上正在帮助你不去进行那些过去的不健康行为,对吗?还记得你最近告诉我你碰到了组里的马修吗?你说他身体不太好,刚出院。尽管现在事情很艰难,但它其实可能会更糟,安娜。你必须对自己所做的一切以及你所取得的进步给予表扬。

当然，随着时间的推移，你希望来访者能够自己重构，但像任何其他技能一样，这需要练习。如果一位来访者一开始在这方面挣扎，你也可以让他将自己的个人情况与更大范围的情况进行比较，而不是将他自己与个人进行比较。我曾经与一位来访者一起工作，他告诉我他曾感觉想要自杀，并试图将自己的注意力从那些想法上转移。在练习他分散注意力的技能时，他打开电视，寻找东西来将他的思维从他的问题上转移开。他偶然看到一个关于伊拉克战争的新闻广播，他开始思考那里的人们有多不幸——他们永远不知道下一次袭击什么时候会发生，或者来自谁。他说："在这里我想自杀，而这些人每天都面临着自杀式炸弹袭击者的威胁。我想到他们有多坚强，我知道我也必须坚强。"通过认识到其他人和他一样，甚至经受了更多的苦难，这位来访者能够看到情况其实可以更加糟糕。

来访者与自己谈论他们生活中发生的事情的方式也会改变他们对事物的思考和感受。通常，尤其是当抑郁和焦虑成为一个问题时，人们倾向于聚焦在消极的一面。他们专注于境况有多糟糕，并将其灾难化，或考虑可能发生的最糟糕的事情。如果你能帮助他们改变他们思考当下境况的方式，他们会发现这比他们想象的更容易忍受，并且更有可能渡过难关，且不会做出可能使情况变得更糟的行为。

为了有助于自我对话，让来访者写下当他们处于正在挣扎并引发强烈的情绪的情况下可以使用的应对陈述。那样他们就不会因自我对话变得更糟，并且实际上可以帮助自身更有效地应对。以下是一些例子：

- 我能挺过去。
- 这种情绪很强烈，很不舒服，但我知道它们不会伤害我。
- 这种痛苦不会永远持续下去。

正念地做一件事

把一个人的注意力从痛苦的情境及其引发的情绪中转移出来通常是有

帮助的。研究人员（Koole，2009）发现，告诉人们不要去想不想要的情绪实际上增加了那种情绪的激活，而给他们提供一些去思考的东西替代那种情绪，会大大增加他们不去想它的能力。对来访者来说，最重要的教训是，如果他们不想去想某事或感受到某事，不去有这种体验的努力会矛盾地成为确保这种体验持续存在的最有效方式。如果他们对自己说，我不想有这种感觉，这种感觉会因为试图推开它而存在更久。与其试着不去想或感觉某些事情，他们需要学会分散注意力。

试图摆脱一段体验和把注意力转移到其他事情上有一个微妙但重要的区别。当你试图摆脱一段体验时，你是在评判并试图回避它。克里斯托弗·杰默（2009）指出，当你试图摆脱某事时，它会进入地下室并练起举重！它不仅没有消失，反而变得更强壮。相反，当我们将注意力转向其他事物时，我们是在承认这种体验，然后将注意力转移到其他地方，不带任何评判。因此，这也是关于正念的。我们只是注意到它，然后把我们的注意力带回到我们现在正在做的任何事情上，而不去评判我们的体验。

当来访者处于危机中时，你希望他们能够通过能够保持他们注意力的活动转移注意力。因此，让他们列出一个他们可以做的活动清单，当他们感到苦恼时，这些活动可能会分散他们的注意力。他们可以将注意力转向多种活动：散步、给朋友打电话、烤饼干、和宠物玩耍、给孩子读书、去健身房，等等。再次强调，我通常在会谈期间帮助来访者开始列清单，然后让他们作为家庭作业来完成。定期添加清单中的内容也很重要。列出清单的目标是持续时间越长越好，这样当来访者处于危机中时，他们可以选择很多活动将注意力从情况上转移开。

为其他人做一些事

有时候，让来访者将注意力从自己的问题上离开的一个有效方法是为其他人做一些事。当来访者处于危机中时，他们可能会发现通过把他们的注意力转移到其他人身上来转移注意力可能是有帮助的，也许是去探望一个在住院或者不能出门的朋友，花几个小时为家庭成员或者朋友烤一份特别的点心，给在乎的某人计划一份惊喜，等等。这样的活动可以分散他们对疼痛的注意力。当然，在困难时期，来访者可能想不出他们可以为其他人做什么。因此，让他们在会谈中提出一些想法，并将其添加到他们的活动清单中，这些活动可以帮助他们度过危机，而不是使其恶化。

在危机中，有些活动比其他活动更可行。例如，如果一个来访者感到想自杀，问他的姐姐是否能帮忙照看孩子几个小时对他而言可能不太安全。因此，确保你提前与来访者讨论各种想法，讨论他们如何以安全、合适和有帮助的方式使用这种技能。

体验强烈的感觉

有时候，产生强烈的身体感觉可以分散大脑对痛苦情绪的注意力。这有助于解释为什么许多来访者诉诸割伤自己或以其他方式伤害自己：因为这实际上可以帮助他们暂时感觉好一些。显然，这里的关键是帮助来访者识别无害的强烈感觉。让他们想想他们可以产生的可能转移他们对危机的注意力的躯体感觉。对于进行自伤的人，莱恩汉（1993b）建议单手举着一块冰。如果保持足够长的时间，这会导致身体疼痛，这种感觉是强烈的。对一些人来说，这可以代替自伤行为。以下是来访者可能会做的其他事情的一些例子，让他们转移对危机的注意力：

- 洗热水或冷水澡或淋浴。
- 在一只手腕上绑一根橡皮筋，然后弹它——不要太用力以导致太多身体上的疼痛，但要足够用力以产生一种暂时占据大脑的感觉。
- 咀嚼碎冰或冷冻水果。
- 在冷天或热天时去散步。
- 躺在烈日下。（涂上防晒霜！）

再次强调，让来访者把他们能想到的任何强烈的感觉添加到他们的活动列表中，以帮助他们度过危机。

将其拒之门外

通常，来访者的环境和他们周围的人会参与到他们体验的令人不知所措的情绪中。在这种情况下，身体上抽离这种情况，去一个平静和安静的地方，将使他们更有可能使用自己的技能，接近自己的智慧自我，并更有效地管理自己的情绪。

然而，有时这还不够。来访者可能会继续纠结于这个问题，即使他们身体上已经离开了那种情况。这就是被称为"推开"的 DBT 技能产生帮助的时候（Linehan，1993b）。有了这种技能，来访者就能用他们的想象力来说服大脑这个问题不是当下就能解决的。

为了帮助来访者发展这种技能，首先让他们写下所有触发这种痛苦情绪的问题。即使只有一个，也要让他们写下来。接下来，让他们问自己这是不是一个他们立刻就能解决的问题：他们有解决问题的技能吗？有没有他们当下就可以开始努力解决这个问题的办法？现在是解决这个问题的好时机吗？

如果来访者认为他能解决问题，那么他需要努力去解决，而不是回避或推辞。如果解决问题能减少他的情绪困扰，这是最有效的做法。如果来访者能够说服自己手头的问题不是现在能解决的，推开这个技能才有效。当然，我们无法解决生活中的所有问题，所以对于那些无法解决的问题，至少在短期内，让来访者将它们拒之门外。让来访者闭上眼睛，在脑海中描绘一幅图像来代表他正与之斗争的问题。例如，如果问题集中在他的一场争论上，那么他可能会调出这个人的图像或想象这个人的名字。接下来让他想象把他的问题放进盒子里，在盒子上盖上盖子，然后用绳子把盖子系上。我告诉来访者要全力以赴进行这种视觉化来说服头脑，问题必须暂时收起来。例如，来访者可以继续想象自己把盒子放在壁橱里很高的架子上，关上壁橱门，在门上挂一把挂锁或用链条锁住。让来访者想象任何能向大脑传递这个问题暂时禁止去想的信息的方法（Linehan，2003a）。

这种技能，以及任何其他试图避免思考某些想法或感受某些情绪的方法，对一些人来说是有帮助的。不过，如前所述，有时试图推开思想和情绪只会让它们变得更强大，所以这个技能应该谨慎使用，几乎是最后的手段。当然，和所有的 RESISTT 技能一样，即使它有帮助，也应该只是暂时使用。经常使用这些技能会变成回避，从长远来看，这将使情况变得更糟。

思考中性的想法

将注意力集中在中性的想法上可以将注意力从情绪和冲动上分散，从而降低它们的强度。中性的想法可以是任何不会增加痛苦情绪的事情。一个常见的例子是当你感到愤怒时，从一数到十来帮助你保持控制。以下是其他一些利用中性的想法分散注意力的例子：

- 祈祷。
- 唱一首最喜欢的歌或背诵一首童谣或诗歌。
- 说出在环境中观察到的物体的名称（例如：桌子、床、梳妆台）。
- 重复口头禅，如"这就是事实"或"平和与冷静"。

再次强调，为来访者个性化这项技能。如果你已经意识到来访者适合这项技能，指出他有时已经在使用这项技能——现在他知道这是使用了技能的行为，他可以更频繁、更有意识地使用它。有时候，当我教来访者其他 DBT 技能时，他们真的会联想到我对他们说的某句话（比如"这就是事实"——接纳的咒语），或者他们会告诉我他们自己想到的一句话。把这些作为例子，说明他们可以如何练习专注于中性的想法，以帮助他们度过危机而不使事情变得更糟。

休息一下

当情绪高涨时，以某种方式休息一下也可以帮助来访者度过危机，而不会使危机恶化（Linehan，2003b）。帮助他们在这方面发挥创造力。休息一下可能是照字面意思去做——只要不会产生消极后果，就请假一天作为"精神健康日"。即使他们不能休假一整天，他们仍然可以出去吃午饭或者至少散步 15 分钟去呼吸新鲜空气，清醒一下。

帮助每个来访者弄清楚休息对他来说可能是什么样子。他可能需要请人来照看孩子一个小时，这样他就可以开车出去兜风或散步，放松一下。也许他需要跳过他当天计划好的差事，订个比萨当晚餐而不是做饭。休息可能还包括练习正念、放松训练或者帮助他放松的想象技术，比如想象自己在一个安全的地方，如头脑里一个他觉得安全的房间或者一个最喜欢的度假地点。这种视觉化可以诱导放松，促进平静，并且总的来说，帮助来访者不使情况变得更糟。有许多不同的方法可以远离问题，休息一下。

同样，在教来访者这项技能时，确保他们理解不应该太频繁地使用它，休息时间不应该太长，否则会干扰他们的义务或目标，这将使弊大于利（Linehan，2003b）。休息对减轻压力很有帮助，但前提是用适当和有限度的方式进行，否则它会变成回避，让情况变得更糟。

管理冲动

通常，一旦治疗师和来访者已经就一些目标达成一致，来访者仍然很难在有问题的冲动出现时不依照冲动行事。我发现帮助来访者制订关于当他们开始体验到冲动的时候应该做什么的计划通常是最好的。讲义"管理你的冲动的步骤"概述了一种大多数人觉得有用的方法。请随意复印讲义并在实践中加以运用。此外，请注意，如果你与来访者一起浏览讲义且针对每个来访者的情况个性化具体方法，这将是最有效的。

管理你的冲动的步骤

（1）从1（最轻微的冲动）到10（高度强烈的冲动）对这种冲动进行评级。

（2）设置一个15分钟的闹钟（例如，在你的手机上，闹钟上，或者厨房定时器上），并承诺在这15分钟内不要冲动行事。通过在冲动出现和冲动行事之间留出一些时间，你可能会发现冲动减少了，你可以不依冲动行事。不要设定超过15分钟的时间，否则忍耐那么久会显得无法实现。

（3）在接下来的15分钟里，运用你的痛苦耐受技能来帮助自己度过危机。有这种冲动是一场危机；冲动行事会让情况变得更糟。所以从你的成本－收益分析工作表中拿出你不依照冲动行事的理由的清单，并阅读它们来提醒你自己为什么不想依照冲动行事。然后用你的 RESISTT 技能来帮助你不要冲动行事。

如果你进行一些让你更难依冲动行事的活动，这也是有帮助的。例如，如果你的冲动是去乱买东西，洗个澡。一旦你洗完澡，在你去任何地方之前，你必须擦干身体，吹干头发，重新穿好衣服，这样在你和行动之间便有了更多时间。如果你的冲动是吃垃圾食品，去散散步。当你走在人行道上时，吃东西会更困难。更好的是，如果你有一条狗，带它去散步，这样你就只有一只手可用了。

（4）当你的闹钟在15分钟后响起时，再次给你的冲动程度评级。如果冲动下降到了可管理的水平，你有信心不会冲动行事，鼓励自己，继续你的一天。如果没有，再设定15分钟的闹钟，继续练习技能。如果你最终还是冲动行事，至少你已经向自己表明，你可以在15分钟里使用技能而不是冲动行事。当你练习的时候，希望这能增加到30分钟，然后是45分钟，等等。

当然，你还可以做其他的事情来帮助阻止自己冲动行事：把你的借记卡交给你的伴侣，这样你就不会轻易去乱买东西，不要在家里放垃圾食品，等等。

提前应对

我要讲的最后一个耐受痛苦的技能是一个叫作提前应对的 DBT 技能（Dimeff & Koerner，2005）。当来访者知道一个即将到来的情况会带来困难的情绪，提前演练他们的计划将非常有帮助，这样他们能准备好以更有技能的方式应对。下面的对话提供了一个例子：

来访者： 所以圣诞节就要到了，我姐姐今年又要在她家过圣诞了。她什么都没变。她仍然不喜欢我的男朋友，因为是在她家，我知道她会再次告诉我，我不能带迈克尔来。

治疗师： 梅勒妮，我知道我们已经谈了很多关于试着不要陷入未来的事。但有时我们可以根据某人之前的行为来预测他将会做出什么行为。当我们非常确定我们知道我们将面临一个困难的情况时，提前做好计划真的很有帮助。你有没有想过如果你的姐姐邀请你去吃圣诞晚餐，但告诉你迈克尔不能来，你会做什么？

来访者： 不，我不知道我会做什么。我被她弄得如此激动，一切都没有改变。

治疗师： 也许现在是我们提前计划你能做些什么来帮助你更有效地和你姐姐相处的好时机。你想不带迈克尔去她家吃晚餐吗？为了见你的家人做出这样的牺牲值得吗？

来访者： 我想这些年来我已经牺牲得够多了。这么久以来，他们让我做的我都做了。但我厌倦了成为那个唯一在付出、付出、付出的人。我想让我姐姐开始更多地尊重我。

治疗师： 好吧，所以你不愿意在没有迈克尔的情况下去圣诞晚餐。如果你姐姐告诉你他不能来，你想对她说什么？

来访者： 我想告诉她，她不能一直排斥他——他是我生活的一部分，她必须接受这是我的决定。我想告诉她，如果他不能来吃晚饭，那么我也不会来了。

治疗师： 好的。这是个好的开始，梅勒妮。但是，你愿意在圣诞节见不到你的家人吗？

来访者： 嗯，那会令人失望，尤其因为我的父母正在变老，我不知道他们还能在身边多久。

治疗师： 这可以理解。那么有折中的办法吗？记住，不一定是全或无的方案。你可以告诉她，如果你必须一个人来的话，你会在晚餐前一个小时来，或者你可以拒绝在没有迈克尔的情况下去她家，代之以在平安夜花时间陪你的父母。

来访者： 是的，这是个好主意。我想见每个人，而且不管怎样，我得把我姐姐孩子们的礼物带过来，这样我可以在晚餐前一会儿来，不带迈克尔。然后迈克尔和我可以在我家一起吃圣诞晚餐。

治疗师： 好的，很好。所以让我们来谈谈，如果需要的话，你将如何向你姐姐表达这个决定。想想你的自信技能，像我是安娜一样跟我说话。

来访者： 好的。安娜，我知道你不喜欢我选择和迈克尔在一起。你通过一直把他排除在家庭聚会之外来清楚地表达这一点。但是把他排除在家庭之外是对迈克尔和我的不尊重。我希望你开始接受他是我生活的一部分，如果你想让我成为你生活的一部分，你也必须接受迈克尔。如果你坚持他不能和我一起参加圣诞晚餐，那么我会在圣诞节那天早点儿去你家，但我不会留下来吃晚餐。他是我的另一半，我也想和他一起过圣诞节。

治疗师：干得好，梅勒妮！现在我要你在脑海中描绘出你希望和安娜的这次对话如何进行。尽可能详细地想象一下。也许你感到焦虑和受伤，但你在自信地表达自己；你的声音很坚定，没有大喊大叫；你用想从她那里得到的同样尊重来对待你的姐姐。

这样，来访者可以提前应对，为即将到来的情况做好准备，这样他们就可以更有效、更有技能地处理这些情况。

小　结

在这一章中，你学到了一些技能，可以帮助来访者度过危机，而不使情况变得更糟。我们着眼于成本-收益分析，这有助于来访者做出关于是否进行有害或自毁行为的决定。然后，我们研究了不同的方法，让来访者可以用 RESISTT 技能来阻止自己冲动地做出那些自毁的行为：重构、正念地做一件事、为其他人做一些事、体验强烈的感觉、将其拒之门外、思考中性的想法、休息一下。最后，我们讨论了提前应对，此时来访者在遇到困难的情况之前，将演练在困难情况下有技能地行事。在下一章中，我们将了解来访者需要知道的一些关于情绪的信息，以便使用将在第 10 章和第 11 章中介绍的特定技能来帮助他们更有效地管理自己的情绪。

DBT
Made Simple
第 9 章

来访者需要了解的情绪知识

在你开始教来访者一些可以帮助他们管理情绪的具体技能之前，提供一些关于情绪的一般性教育通常是有帮助的。在这一章中，我们将看看来访者需要了解的情绪知识，包括情绪是什么以及情绪的功能；情绪、想法和行为之间的联系；情绪和想法有时产生得如此迅速和自动化，以至于很难意识到它们，以及能够命名一种情绪如何有助于更有效地管理它。

情绪是什么

当我和来访者一起工作时，我尽量避免使用"感觉"这个词，因为它意味着一种情绪仅仅由我们的感觉组成，而实际上它远不止于此。玛莎·莱恩汉（1993b）将情绪称为一种全系统反应，因为它不仅包括我们的感受方式，还包括我们的思考方式，其中可能包括图像、记忆或冲动。此外，情绪还会引发生理反应，引起身体化学成分和肢体语言的变化。

帮助来访者从自己的体验中了解这一点。例如，如果一个来访者有焦虑的问题，你可以问类似"当你体验焦虑的情绪时，除了这种感觉，你还注意到什么"的问题。大多数人会注意到心率加快或感到心脏怦怦直跳。他们可能会体验到气短、胸闷或胸痛、恶心、头晕等症状，诸如此类。这些是生理上的变化。确保帮助来访者识别伴随焦虑体验的想法。也许他们有需要逃离和感受到需要逃离的想法，害怕发疯或出丑，等等。他们可能还会回想起体验到这种感觉的其他时候的记忆。确保帮助他们识别冲动，举例来说，在焦虑的情况下，人们的冲动往往是逃跑，逃离现状，或者首先避免进入状况。

对来访者来说，理解情绪会因人和环境的不同而表现不同也很重要。一些情绪的表达是我们与生俱来的，无论你在地球的哪个角落，看起来都是一样的。例如，我们感到悲伤时会哭泣，生气时会皱眉。但是因为每种情绪都可能伴随着许多不同的生理感觉、想法和冲动，所以每个人对任何特定情绪的体验都多少有些独特。事实上，同样的情绪对一个人来说甚至会有不同的感受，这取决于多种因素：他所面临的情况、所涉及的人、环境等。例如，想象一下坐在家里看电视，听到日本地震和海啸的消息。大多数人会对日本人民正在经历的一切感到悲伤、难过、恐惧和震惊。但如果你的伴侣、父母、兄弟姐妹、朋友或其他深爱的人当时在日本，你的悲伤、难过、恐惧和震惊会在完全不同的层面上表现出来，因为情况更为私人。因为环境不同，同样的情绪会产生不同的感受。

情绪的功能

来访者通常希望完全摆脱情绪。他们在治疗中的目标可能是停止焦虑或摆脱愤怒。立刻解释这不是一个现实的目标是很重要的——我们所有的情绪都是必要的，都有重要的功能。尽管它们有时会带来令人难以置信的痛苦，但它们扮演着特定的角色，它们的存在是有原因的，比如提供动机、信息和辅助沟通。帮助来访者更多地理解为什么我们需要情绪，而不只是把它们扔出窗外，这让你离教他们管理情绪的技能更近了一步。

动机

有时情绪的作用是促使我们采取行动（Linehan, 1993b）。愤怒和恐惧是这里最典型的例子：当我们不喜欢的事情发生时，我们会感到愤怒，促使我们去采取行动改变现状。当我们受到威胁时，恐惧促使我们逃跑、战斗、全身僵硬或晕倒以求生存（Beck, Emery, & Greenberg, 1985）。在这些情况下，情绪不仅激励我们，也通过引起身体的生理变化让我们做好准备采取行动。例如，恐惧引起的肾上腺素激增导致血压升高和肌肉紧张，使身体准备逃离这种情况或留下来战斗。

向来访者强调这一点是有帮助的，例如，尽管焦虑是不舒服的，但它是帮助我们这一物种生存下来的一种情绪。如果我们的祖先从未感到恐惧会发生什么？即使当剑齿虎靠近时，他们也不会逃跑——这种品质肯定会导致人类的灭绝。即使在现代，恐惧也有目的。例如，当你一个人在一个不熟悉的地方行走时，焦虑会让你更加警觉，更容易意识到周围发生的事情，这样你就可以在威胁出现时更快行动。

信息

情绪还可以提供关于我们希望以某种方式改变的情况的信息，以使它们更好地适应我们的需要（Campos, Campos, & Barrett, 1989）。例如，你可能会觉得生气是因为你认为某个情况有不公平的地方。另一个例子是内疚，它的产生让你知道你做了一些违背你的道德和价值观的事。

重要的是要帮助来访者将他们的情绪视为一种感觉，提供重要的信息，就像视觉、听觉、触觉、味觉和嗅觉一样。有时候，情绪的产生给我们提供大脑有时间处理从其他感官接收的信息之前的信息（Linehan, 1993b）。例如，如果你在森林里散步，看到看起来像一条蛇的什么东西，你的大脑自动激活恐惧，产生战或逃反应，当你的眼睛有时间进行处理发现，实际上在你前面的路上放着的是一根盘绕的绳子之前，就让你远离了危险。当然，有时这种情绪过程会高速运转。一个例子是一些患有创伤后应激障碍的人对某些刺激更为敏感，对它们的反应比合理状态下更频繁，在这种情况下，反应会带来问题。总的来说，提供信息是情绪的一项重要功能，也有助于我们的种族存续。

交流

情绪有助于人们更有效地交流（Linehan，1993b），特别是因为，像之前提到的那样，一些情绪是我们与生俱来的，并唤起普遍的面部表情和肢体语言。因此，我们能够本能地识别他人的这些情绪。例如，如果你在哭，其他人会猜到你可能感到悲伤，或者如果你皱着眉，其他人会猜到你可能感到愤怒。当我们识别他人的感受时，我们可以与他们产生共情，并以情绪上适当的方式采取行动，比如在他们难过时安慰他们。仅仅是让我们的情绪被认识到，这本身通常是有帮助的，因为我们感到被他人理解和"感觉到"。

情绪、想法和行为之间的联系

图 9-1 说明了 CBT 中通常描述的情绪、想法和行为之间的联系。这里的观点是，情绪影响我们在某种情境下的想法和行为；想法影响我们在这种情境下的感受和行为；行动会影响我们关于那种情境的想法和感受。

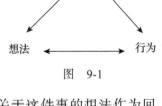

图 9-1

因为情绪、想法和行为是如此紧密地联系在一起，所以很容易混淆。例如，当你问来访者他们对某事的感受时，他们通常会给你一些关于这件事的想法作为回应。一些来访者发现很难超越想法的部分去了解他们真实的感受。这种混淆的另一个例子是来访者认为愤怒是一种不好的情绪；一般来说，这种评价不适用于情绪本身，而是适用于因感到愤怒而产生的行为。

我们很容易混淆我们的想法和我们的感受，部分原因是情绪和想法产生得如此迅速和自动化，以至于我们在行动之前通常不会停下来思考。然而，分离情绪、想法和行为是更有效地管理情绪的重要步骤，所以确保来访者理解它们之间的区别。

当来访者试图确定他们对某事的感受时，鼓励他们从思考六种主要情绪开始：愤怒、恐惧、悲伤、羞耻或内疚、爱和幸福。如果这种情绪似乎无法用这些词中之一来描述，建议来访者用程度来思考。例如，他们可能不害怕，但可能会感到焦虑、担心或紧张。

行为，当然，只是我们如何行动——不是我们打算或想做什么，而是我们在这种情况下的实际行为。

想法是我们对情况的看法，但当然没那么简单。确保来访者理解他们通常不是对正在发生的状况有情绪反应，而是对他们对事件的解释。有时候，情绪是对事件的直接反应。之前你误认为盘绕的绳子是蛇的例子就是一个这种情况的例子，此时情绪反应是即时的，不需要解释。但在大多数情况下，我们体验的情绪产生于对我们解释的反应。当一个事件发生时，大脑会形成对该事件的解释，对这种解释做出反应的一种情绪便会产生（见图9-2）。

想法 ⟶ 行为 ⟶ 情绪

图 9-2

好消息是，练习技能将有助于来访者更多地意识到他们的情绪反应以及引发这些反应的解释。然后他们可以决定这些解释是否有效。我提供了工作表"了解你的情绪"（见表9-1），它可以帮助来访者开始区分情绪、想法和行为。这个工作表也帮助他们了解他们如何体验情绪的全系统反应。请随意复印工作表并在你的实践中使用。

工作表包括六种主要情绪，还有两个空白处，以防来访者有他们想了解的其他情绪。对每种情绪，让来访者注意他身体上的生理反应：他的心率加快了吗？他开始战栗或颤抖了吗？他紧张吗？他的肢体语言如何？他握紧拳头了吗？他脸上是什么表情？接下来，让来访者专注于伴随这种情绪而来的想法。例如，他是否倾向于评判或回忆起他感受到那种情绪的其他时刻？然后让他思考当他体验这种情绪时会产生什么冲动：他是否想朝人发火，孤立自己，以某种方式伤害自己或他人，等等。接下来，让他描述他的行为——他实际上做了什么。例如，他是否朝人发火，身体上或言语上伤害自己或其他人？最后，帮助他审视行为的后果，这可以进一步帮助他区分只是有情绪，还是他对情绪做了什么，因此，考虑自己行为方式的后果对他来说是非常重要的（Linehan，1993a）。

表 9-1　了解你的情绪

情绪	身体反应（身体感觉、肢体语言、面部表情）	想法（包括记忆、图像和评判）	冲动（当你体验这种情绪时你想要做的事）	行为（当你体验这种情绪时你实际上做的事）	后果（行为的影响或效果，例如自我评判）
愤怒					
幸福					
悲伤					
恐惧					
爱					
羞耻或内疚					
其他					
其他					

一定要向来访者解释，一开始他可能无法完全完成工作表；他可能需要再次体验这些情绪，同时注意他的体验，以对其形成全面的理解。指出这没问题。慢慢来，目标是了解他的情绪以及他倾向于如何体验这些情绪，这通常需要一些时间和练习。

情绪与自动思维

另一个相关的概念是自动思维，它也可以帮助来访者理解为什么他们可能很难区分想法和情绪（Beck，1976）。CBT 理论家亚伦·贝克指出，无论我们正在经历什么，我们的大脑中都在进行着一场持续的对话：我们的感官正在告诉我们什么，我们生理上、情绪上有什么感受，等等。根据贝克（1976）的观点，这些自动思维在很大程度上决定了我们对一种情况的感受，它们唤起的想法和感觉都影响我们如何做出行为。

自动思维的最大问题是它们发生得如此自动化，以至于几乎是无意识的，通常我们甚至没有意识到它们正在发生。因为它们产生得如此迅速，几乎是反射性的，然而也如此真实可信（Beck，1976），我们通常不会停下来质疑它们，而是像它们是事实一样行动。

然而，如果来访者要更有效地管理他们的情绪，他们必须明白，想法，以及他们唤起的情绪，不是事实；相反，它们只是一个人对一种情况的体验的反映。仅仅因为来访者认为某事是这样并不意味着它是事实。例如，仅仅因为来访者认为改变一种行为是不可能的，并不意味着它真的是不可能的。同样，仅仅因为某件事有某种感觉并不意味着它就是事实。例如，仅仅因为一个来访者感到没有希望并不意味着这个情况没有希望。

以下是如何在会谈中传达这一点的一个示例：

治疗师： 所以你和你的男朋友吵架了。你能告诉我发生了什么吗？
来访者： 我们约好晚上 10 点我下班后聚一聚。我在 9 点半左右给他发了短信，告诉他我们很忙，我会晚一点儿下班，他没有回我短信。

治疗师： 好的。接下来发生了什么？
来访者： 我真的很生他的气。自从我开始工作以来，我们很少见面。他知道聚在一起对我来说有多重要，他甚至都懒得回我短信。

治疗师： 你有没有想过他可能无法回复你的原因？

来访者： 没有。他总是随身带着手机。所有我能想到的只有他知道我多么想花时间和他在一起，而他并不在意，显然我对他来说没那么重要。

治疗师： 我能理解，杰西卡，考虑到你过去在人际关系中遇到的问题，你可能会想到那里去。但是现在坐在这里，你能想到他不回复你可能存在的其他原因吗？

来访者： 没有！就像我说的，他总是带着他的手机，所以他显然只是想清静一下。

治疗师： 好的。让我们暂停一下，把它放在一个不同的环境中。我们假设你想联系我，而不是你男朋友斯科特。假设你给我发了一条关于我们本周约会的短信，而我没有马上回复你。你会怎么想？

来访者： 嗯，我知道你经常很忙，不能马上回复我。

治疗师： 很好。你还会怎么想？假设一两天过去了，你还是没有收到我的回复。

来访者： 嗯，我可能会再试一次，因为我知道不回复我不是你的风格。我可能会想，你没收到消息。也许你的电话或其他什么出了问题。

治疗师： 好的，很好。你还能想到其他可能让我无法回复你的事情吗？

来访者： 嗯，我不确定。也许你在处理某种紧急情况？

治疗师： 好的，太好了！所以也许我没有收到信息，也许我的电话有问题，也许我正在处理紧急情况。你认为这些原因是否也适用于斯科特？

来访者：（停下来思考）我想是的。

治疗师： 好的，那你认为为什么你这么难以相信斯科特的电话有问题或者有什么紧急情况？

来访者： 我想是因为我觉得他不像我关心他那样关心我。

治疗师： 好的，杰西卡，这太棒了。你看到这种自动思维是如何引发你的愤怒，并让你无法真正看清情况了吗？斯科特没回你的短信，对你来说那就变成了"他不在乎我"。我不是说你错了，我不知道他对你是什么感觉。但是你直接跳到了结论。再说一次，我们可以看到这个结论是从哪里来的，但是你能理解从长远来看这对你们的关系会有多大伤害吗？经常做这种假设可能会导致关系的结束。它们可能成为自我实现预言。

来访者： 是的。他试着和我谈谈发生的事情，而我太生气了，甚至没有让他告诉我发生了什么。我想我最好打电话给他，为我的臆断道歉。

从这段对话中，你可以看出认可十分重要。目标不是简单地向来访者指出他们的想法是不正确的；同样重要的是，帮助他们了解他们的想法从哪里来，了解有一些模式可以被识别甚至被理解，尽管它们可能不再有帮助。虽然你不想让来访者评判他们的情绪（我将在第 10 章讨论这部分），但他们确实需要有能力评估他们的行为以决定它是否在帮助他们朝着目标前进。

命名情绪

有些人比其他人更善于给自己的情绪贴标签。我敢肯定，你曾经有过一个来访者，他似乎无法命名自己的感受。他可能会说他感觉不好或心烦，但要让他明确这到底是什么意思是很有挑战性的。很多人就是在这种情绪迷雾中走来走去。不幸的是，如果你不知道自己的感受，你就无法改变它。能命名自身情绪的人更有能力管理它们，所以对来访者来说，更多地熟悉他们的情绪并学会识别它们是很重要的。

首先，鼓励来访者停止使用"糟糕"或"心烦"这样的词来描述他们的感受。这些都是非常通用的词，不能描述一种特定的情绪。当一位来访者说他"心烦"，他到底是什么意思？这可能意味着他悲伤、焦虑、愤怒或处于其他各种情绪之中。所以当来访者使用这种模糊的语言时，请他们说得更具体一些。对一些来访者来说，如果你能概述之前提到的六种主要情绪，那就简单多了：愤怒、恐惧、悲伤、羞愧或内疚、爱和幸福。从这六种主要情绪开始，同样，如果没有一种适合，帮助来访者思考每种情绪的水平。来访者可能不会生气，但他可能会被激怒或感到沮丧。

我提供了一份列出情绪名称的讲义。把它交给来访者，和他们一起浏览这张列表，确保他们理解每个词的意思。然后，每当来访者无法识别他正在体验的情绪时，让他参考列表。通读一遍，他应该能找到一个词来准确描述他感受到的情绪。

情绪列表

愤怒	快乐	悲伤
声色俱厉的	愉快的	被抛弃的
攻击性的	无忧无虑的	极度痛苦的
焦虑的	平静的	阴郁的
恼怒的	喜悦的	被击败的
背叛的	欢欣的	被排斥的
苦涩的	舒适的	抑郁的
感到讨厌的	自信的	意志消沉的
好斗的	知足常乐的	心灰意懒的
易怒的	欣喜的	苦恼的
怀疑的	渴望的	烦心的

反对的	狂喜的	沉闷的
厌恶的	兴高采烈的	乏味的
暴跳如雷的	欢快的	孤独的
不满意的	兴奋的	悲观的
烦心的	振奋的	忧郁的
勃然大怒的	容光焕发的	悲伤的
气急败坏的	有成就感的	心碎的
挫败的	开心的	无助的
火冒三丈的	感激的	绝望的
狂怒的	受尊敬的	无能的
憎恨的	有希望的	孤独的
敌对的	受到鼓舞的	悲惨的
伤人的	谈笑风生的	差劲的
忽视的	快活的	悲哀的
不耐烦的	欢呼的	消极的
大发雷霆的	欣喜若狂的	伤痛的
愤慨的	友好的	悲观主义的
满腔怒火的	欢乐的	无能为力的
暴怒的	自豪的	愧疚的
恼羞成怒的	放松的	悔恨的
妒忌的	放心的	难过的
脸色铁青的	感到满意的	严肃的
疯狂的	安详的	伤心欲绝的
顽固的	感谢的	麻烦的
冒犯的	激动的	不快乐的
怒不可遏的	安静的	悲痛的
拒绝的	得意扬扬的	无价值的
忿恨的		
恶毒的		

恐惧	爱	羞耻或内疚
忧心如焚的	可接受的	歉意的
惊恐的	崇拜的	惭愧的
焦虑的	深情的	笨拙的
忧虑的	生动的	活该的
烦躁的	多情的	懊悔的
烦躁不安的	感激的	堕落的
担忧的	激烈的	蒙羞的
心慌意乱的	唤醒的	颜面尽失的
发狂的	被吸引的	尴尬的
痛苦的	痴迷的	愚蠢的
烦心的	有同情心的	孤独的
急躁的	爱护的	内疚的
可怕的	坚定的	耻辱的
疯狂的	完全的	自卑的
疲惫的	有联系的	窘迫的
受惊的	渴望的	忏悔的
忐忑不安的	挚爱的	可怜的
神经质的	着迷的	遗憾的
如履薄冰的	喜爱的	羞愧的
手忙脚乱的	热恋的	被排斥的
过度兴奋的	亲密的	悔恨的
恐慌的	友善的	悔改的
如坐针毡的	喜欢的	自我意识的
瞠目结舌的	热切的	同情的
焦躁不安的	可爱的	不适的
战战兢兢的	痴情的	脆弱的
提心吊胆的	深情款款的	苦恼的

胆战心惊的	好色的
心惊肉跳的	热情的
恐吓的	浪漫的
威胁的	情意绵绵的
心神不定的	神魂颠倒的
六神无主的	温柔的
不舒服的	崇拜的
顾忌的	怀念的
惴惴不安的	
坐卧不安的	
紧张不安的	
忧心忡忡的	

在上面的列表中，羞耻或内疚被涵盖在同一个标题下，因为这些情绪的体验往往是相同的。不同的是，当我们感受到别人在评判我们的行为时我们会体验到羞耻，而当我们评判自己的行为时，我们会感到内疚。很多时候，我们可能会同时感受到这些情绪。

一旦来访者更有能力命名他们的情绪，如果这种情绪让人不舒服，他们会有更多关于如何应对它的选择，至少他们会希望降低情绪的强度。请记住，许多情绪失调的来访者在成长过程中没有学习到这一重要信息，因此对一些人来说，需要花费大量时间来掌握命名他们的情绪的诀窍。耐心点儿。如果你或者来访者开始感到沮丧，把这个过程重构为帮助来访者学习一门新的语言。事实上，这正是正在发生的事情：你在帮助来访者学习情绪的语言。

小　结

在这一章中,你学习了来访者需要知道的关键信息,以便学习和利用,帮助他们调节情绪的特定技能。在接下来的两章中,我们将来到问题的实质:教授来访者 DBT 技能,来帮助他们调节情绪。当你继续读下去的时候,记住每个人都是不同的,且 DBT 是灵活的,所以你没有必要教每个来访者所有的技能。一旦你对这种方法更熟悉了,你就能挑选出你认为对特定来访者最有帮助的技能。

DBT
Made Simple
第 10 章

帮助来访者调节情绪的技能：
减轻痛苦的情绪

到目前为止，本书的第二部分已经以某种方式探讨了与情绪调节相关的技能。例如，当来访者进行正念练习时，他们会对自己的情绪有更多的觉知，增加他们管理情绪的能力。注意来访者正在使用什么样的思维方式将有助于他们看到自身什么时候根据自己的情绪行动，并允许他们选择如何行动，而不仅仅是反应。当他们处于危机情况中时，练习痛苦耐受技能将帮助他们避免做出会使自己的情况变得更糟的行为，这将再次给他们更大的能力来管理自己的情绪，并使它们保持在更可耐受的水平。

在这一章和下一章，我们将会看到更加有效管理情绪的特定技能。在这一章中，我们将学习一些技能来帮助来访者减少痛苦的情绪，使其更容易忍受。接着，在第 11 章中，我们将学习帮助他们产生更多积极情绪的技能。在这两章（以及第 12 章）中，继续记住，如果你自己练习这些技能，你将更容易将它们教给别人，所以想想你如何能在自己的生活中运用这些技能来提高你教授技能的有效性。

运用正念减轻情绪上的痛苦

在第 5 章中,我们深入探讨了正念以及它是如何在各种方面对来访者有帮助的。其中一个获益当然是增加对情绪的觉知,这增加了来访者选择如何行动而不是仅仅做出反应的能力。让我们仔细看看情绪正念的一些具体目标,以及它们如何能够帮助来访者调节他们的情绪。具体来说,让我们聚焦于对情绪保持正念的技能意味着什么,不管是痛苦的还是积极的情绪。

对痛苦的情绪保持正念

对于痛苦的情绪,正念意味着以它们的本来面目接纳它们,而不是试图摆脱或推开它们。对痛苦的情绪保持正念意味着看清它们的本质——生活的一部分——同时不要评判它们或因为拥有它们而评判自己。(我将在自我认可部分进一步讨论这种评判。)这并不排除试图做某事来改变一种情绪或降低其强度,它只是意味着以一种接纳而不是评判的方式去做。

许多研究发现,虽然有时可能成功地抑制情绪化的表达行为,但这样做也会减少积极情绪的主观体验(Fairholme, Boisseau, Ellard, Ehrenreich, & Barlow, 2010)。因此,那些经常努力不去感受自身痛苦情绪的来访者也许真的能在某种程度上减轻他们体验到的痛苦,但这是以无法强烈感受到积极情绪为代价的。与之相似,布洛克、莫兰和克林(2010)报告称,经常压抑以试图应对痛苦情绪的人群,会体验到更少的积极情绪和更多的抑郁症状,总体上对生活满意度更低。

对积极的情绪保持正念

对于积极的情绪,正念也意味着以它们的本来面目接纳它们,在这种情况下,不要试图抓住它们不放。对积极的情绪保持正念意味着在它们持续的时候享受它们，而不是担心你是否值得拥有这种感受。许多人担心这种感受什么时候会结束，而不去对积极的情绪保持正念。例如，一个人会想，"当然，我现在感觉很好，但一旦他们离开，我又将会很痛苦"。这个人创造了一个想象中的他感到痛苦的未来，而没有享受积极的感受。

练习情绪正念

对情绪保持正念包括将你的注意力集中在当时碰巧出现的任何情绪上，而不是去评判它，并在你注意到自己走神时将你的注意力带回到当下。同样，这意味着不要试图压抑或回避情绪上的痛苦，不要试图抓住愉悦的情绪不放。相反，你只是接纳每时每刻存在的一切。

为了帮助来访者掌握这一技能，让他们把一种情绪想象成波浪：它会形成并达到顶峰，但随后又会再次平息并消失。它可能会再次形成并达到顶峰，但一种情绪，就像波浪，总会平息，它不可能无限期地持续下去。然而，许多来访者并不理解这一点，因为他们做了这么多以试图摆脱痛苦的情绪，他们从来没有给予情绪平息的机会。正念将帮助他们学会这一点，因为他们只是与情绪待在一起，而不去评判它们或试图将它们推开。当他们允许情绪只是存在着，他们会体验到情绪是如何自然平息的。

自我认可

让我们仔细探讨接纳情绪。这是被称为自我认可的DBT技能（Linehan，1993b）。

你有多经常听到来访者评判他们的情绪或者因为体验到的那些情绪评判他们自己？在一个普遍不认可的环境中长大的主要后果之一是，它让人们认为他们不能相信自己的体验,他们没有能力解决生活中出现的问题,他们在某些方面有缺陷或瑕疵。换句话说,他们经常不认可自己,根据他们的情绪评判自己,认为自己没有能力,没有价值。因此,正如我在整本书中一直提到的,在治疗中必须投入大量的时间和精力来认可来访者,并逐渐帮助他们学会认可自己。

由于他们的成长史,许多情绪失调的来访者发现自我认可的技能特别困难,但是,这对他们来说尤其重要。传授给来访者这项技能的主要方法之一就是示范它:在会谈过程中提供充分的认可,尤其是在治疗的开始阶段,直到来访者自己更熟练地做到这一点。但是,在我进入到如何练习自我认可的细节之前——在来访者学会这种技能之前——有一些关于情绪的,你和你的来访者都需要了解的重要信息:我们如何了解情绪,以及初级情绪和次级情绪之间的区别。

关于情绪的信息

治疗师和来访者都需要理解的第一件事是,每个人都会收到关于情绪的信息:来自他们成长的家庭和他们成长时周围的同龄人,在他们成年后的重要人际关系中,以及从普遍的社会中。例如,随着他们的成长,许多人知道愤怒是一种不好的情绪。也许他们有一个容易暴怒的父亲,所以因为他的行为,他们知道愤怒是不好的。也许他们家里没有人表达出愤怒,这传达了这样的信息:感到愤怒是不合适的。或者,他们可能已经收到了非常直接的关于情绪的言语交流,比如:"你怎么了?你不应该生气。这是不好的!"

如果你花些时间帮助来访者思考他们一生中收到的关于情绪的信息,这对他们会很有帮助。有哪些情绪是可以有的?哪些不应该被感觉到?在这个讨论过程中,记得指出你在谈论情绪,而不是行为。如上所述,人们通常很难区分这两者。

同样重要的是向来访者指出,这并不是因为他们的情绪问题而责怪他人。向他们解释他们的父母也收到了影响他们认可自我情绪能力的情绪信息，等等。也就是说，一旦来访者能够识别出他们的模式来自哪里，通常会让他们更容易改变。

初级情绪和次级情绪

与自我认可技能相关的另一个关键点是存在两种类型的情绪：初级情绪和次级情绪。

初级情绪是我们对事件的解释做出反应时所体验到的。正如在第9章中所说的，我们通常不会体验到与情境有直接关系的情绪；它们产生于我们对情境的解释的反应。假设一个朋友打电话给你，取消了那天晚上的晚餐约会。你的恼火不是对情境本身做出的反应，而是因为你的解释：他应该提前通知我，这样我就可以做其他计划了。虽然它是基于一种解释，但恼火是你的初级情绪。

次级情绪本质上是你对自己感受的感受方式。换句话说，当你因为你的朋友取消了晚餐而恼火时，如果你因此而评判自己，你可能最终会因为对你的朋友感到恼火而对自己感到内疚和愤怒。对自己的内疚和愤怒是你的次级情绪，产生于对你初级情绪的评判做出的反应。如果你在成长中认为愤怒是不对的（恼火是愤怒的一种形式），当你感到恼火时，你可能会评判自己，引发对自己的内疚和愤怒。

练习自我认可

有了上述背景，让我们来看看如何练习自我认可的技能。至少，认可一种情绪意味着不去评判这种情绪，也不因为感受到这种情绪而评判自身。佐治亚大学的心理学教授伊迪丝·魏斯科普夫-乔尔森写道，社会如此强调人们应该快乐，而不快乐已经被视为一种适应不良的症状。她说，"这种价值体系可能会导致，不可避免的不快乐感的负担会因对不快乐而感到不快乐雪上加霜"（1955，p.702）。换句话说，当我们认为我们应该感到快乐并因此评判自己时，这加剧了我们的不幸福感。这是自我不认可。

自我认可，在另一方面，关乎接纳。当你至少可以不去评判你的情绪体验时——例如，只是承认你感到不开心而不是因为有这种感觉而评判自己——你不会给自己带来额外的情绪上的痛苦。这为你接近你的智慧自我提供了空间，假设这是一种你不想继续拥有的一种情绪，来看看是不是能做些什么来减少初级情绪。例如，在上面的场景中，也许你需要问你的朋友为什么他没有提前通知你取消这次的晚餐。如果他告诉你他奶奶住院了，你的恼火可能会平息。如果他告诉你有人约他出去，你可能想告诉他你希望能被提早通知，这样你就可以做其他安排了。这将帮助你认可你的恼火。另外，当你坚持自己的观点并感觉被倾听时，痛苦的情绪通常会减少。

自我认可的层级

为了让来访者更容易理解自我认可的概念，我将其分为三个层级：

（1）承认：自我认可的最基本层级是只承认情绪的存在，而不是评判它。比如告诉自己，我觉得不开心。仅仅承认或命名这种情绪，并在句尾画上句号而不是继续评判它，就能认可这种情绪。

（2）允许：自我认可的第二个层级是允许，本质上是允许自己感受这种感觉。比如告诉自己，我觉得不开心没关系。这比不评判这种感觉更进一步，确认有这种感觉是可以的。这并不意味着喜欢这种感觉或希望它一直存在，而只是意味着承认你被允许感受到这种情绪。

（3）理解：自我认可的最高（也是最难的）层级是理解。这个层级超越了不评判情绪和说出"感觉到它没关系"，而包含了对它的理解。例如，我感到不开心是有道理的，考虑到我管理自己情绪的困难性以及它给我的人际关系和生活带来的混乱。

大多数情绪失调的来访者都有一个终身的自我不认可的模式，所以，再次强调，显然这对他们来说是一个非常具有挑战性的技能。很可能他们会开始在第一层级对大多数情绪进行自我认可——承认情绪——即使这对于他们中的许多人来说也是困难的。但随着时间的推移，他们将能够走向下一层级，然后再走向下一层级。在不同的情绪下会以不同的速度前进，这是很自然的。有些情绪会比其他情绪更容易得到认可。

让来访者写一份认可陈述的清单通常是有帮助的，当他们注意到他们正在不认可自己时，他们可以阅读这份清单。最近，我在和一位患有BPD的来访者一起工作，她经常认为我会抛弃她。当这些对抛弃的恐惧出现时，她经常会不认可自己，并进行自我对话，诸如："这太荒谬了，我现在应该能更好地处理这件事"或者"我是一个成年女性。我不应该还有这种感受。我怎么就无法处理这些呢？"我帮助她开始列一张自我认可陈述清单，以便在这些感受出现时使用。以下是我们想到的一些例子：

- 谢里的离开让我感到焦虑。（第一层级）
- 我有这种感觉没关系。（第二层级）
- 我担心谢里会离开我。这很不舒服，但事实就是如此。（第二层级）
- 我对谢里离开我感到焦虑，这是有道理的，因为在生活中我已经失去了很多段人际关系。（第三层级）
- 我对人们离开我感到焦虑，这是有道理的，因为我在童年时遭受了虐待和忽视。（第三层级）

在会谈中，与来访者一起开始列自我认可陈述清单，接着让他们继续把它作为家庭作业。在下一次会谈里，回顾这份清单，看看他们是否添加了什么内容。许多来访者发现凭自己做这件事很困难，但希望他们能够提出一两个额外的陈述。让来访者随身携带这份清单，这样每当他们注意到他们正在不认可自己的情绪时，他们可以阅读这些陈述。通过这种方式，随着时间的推移，他们将能够改变他们与自己谈论目前感受的方式，而不是回到旧的、熟悉的消极的自我对话和评判的模式。

接纳现实

我已经讨论了作为正念的一部分的接纳，以及接纳情绪的重要性。在 DBT 中，我们也强调需要努力接纳普遍的现实（Linehan，1993b）。当事情令人痛苦的时候，我们很自然地试图去抗争或推开它们。虽然这是能理解的，但它不是很有效。事实上，它在大多数时候都对我们不利。当我们尝试通过说"这不公平"或"这不应该"等类似的方式来压抑痛苦的体验或对抗现实，会发生与我们试图压抑痛苦的情绪时同样的事情：我们最终为自己产生了更多的痛苦（Linehan，1993b）。

对抗现实令人备受折磨。这并不是说我们不应该对困难的情况产生情绪。但是当我们对抗现实时，我们体验到更多不必要的情绪上的痛苦，让人备受折磨。痛苦是生活中不可避免的，折磨不是。通过接纳生活中的痛苦，我们实际上减少了我们遭受的折磨。

什么不是接纳

许多人在接纳技能上存在困难，仅仅因为"接纳"这个词。重要的是要立即向来访者阐明，在这种情况下，接纳与赞同某事或对其无所谓毫无关系。相反，在 DBT 中，接纳是不评判的。因此，接纳某样东西并不意味着你在说它是好是坏，而意味着你只是承认现实的本来面目。

通常，来访者在这里需要一些例子。让例子具体而简单。我经常提到我在团体活动室使用的地毯，那是一种令人不快的米色。我告诉来访者，我不喜欢地毯的颜色，但我必须承认地毯就是那种颜色的事实。换句话说，我不得不接纳它。毕竟，我还能做什么呢？这就是 DBT 中接纳的含义。

事实上，接纳现实是打开大门拥抱真正和长久的改变所必须发生的转变。你无法改变某事，除非你首先接纳它。仔细想想：如果来访者不断地与现实情况做斗争（例如，他们难以管理自己情绪的现实），他们就不会做有助于他们解决问题的事情，比如学习 DBT 的技能。相反，他们会花费大量的时间和精力来对抗现实，并从根本上试图假装它不存在。一旦他们做到接纳，他们可以将那些时间和精力花在做一些事情来改善他们的处境上。

向来访者强调，就像其他 DBT 技能一样，他们不是为他人去练习接纳，这通常也是有帮助的。许多来访者混淆了接纳和原谅的概念，但关键不是为了让别人安心而接纳现实。接纳仅仅是关于他们是否想继续花费如此多的精力，以及继续体验如此多自己无法控制的痛苦情绪。他们无法控制过去发生的事情。如果他们目前试图接纳的现实是他们可以部分控制的，那么他们需要先接受现状，然后练习试图改变现状的一些控制力。另外，持续对抗现实只会让人精疲力竭，而不会有任何成就。

像许多其他 DBT 技能一样，接纳现实并不容易，但你可以教来访者一些事情来帮助他们做到这一点。首先，情况越痛苦，就越难接纳，通常需要的时间也越长。即使在最好的情况下，接纳也不是一种可以一夜掌握的技能。此外，他们可能会发现，他们已经接纳了一种情况，之后一些事物还会引起他们再次开始对抗现实。例如，我与一位女士一起工作，她的丈夫几年前有了外遇。她告诉我，他们已经熬过来了——她已经接受了这一点，他们的婚姻有了很大的改善。但是后来一位年轻女性搬进了隔壁，她让我的来访者想起了她丈夫的外遇对象。我的来访者开始更频繁地感到愤怒，但她很快意识到，见到这位年轻女性会引起她无法接受她丈夫过去的不忠，这就是她愤怒的原因。所以她又一次开始努力接受丈夫曾经出轨的现实。

因为接纳需要花费大量的时间和精力，你可能会发现你和来访者对此感到沮丧。当这种情况发生时，可以这样想：当你在努力接纳痛苦的现实时，你可能会发现你每天只能接纳它大约 30 秒。但即使是这种情况，你也仍然少经受了 30 秒的痛苦，渐渐地，这个时间会增加到 30 分钟，然后是 3 个小时，等等。

让来访者回忆他们之前最终能够接纳的痛苦情境也是有帮助的（例如，所爱之人去世或无法得到一份理想的工作）。大多数人已经经历过他们之后自然接纳了的困难情境。一旦来访者想起一个痛苦但他们最终能够接纳的情境，让他们回忆当他们能够接纳它时的感觉，与他们还在与之抗争时的感觉进行对比。大多数人说，他们有了一种解脱感或感到"更轻松"了，或者这种情境对他们的影响力减弱了，所以他们花更少的时间去想它，而当他们真的想到它时，它不再有同样程度的情绪上的痛苦。当来访者记住自身的痛苦是如何在学会接纳后减轻的，就有助于激励他们即使在非常困难的情况下仍继续努力接纳。

如何练习接纳现实

"时间能治愈一切创伤"这句老话是有道理的。但是学会了接纳，就没有必要无限期地忍受。来访者可以有意识地进行接纳，以帮助加速治愈过程。那么，确切地说，来访者怎样才能做到接纳呢？以下是四个基本步骤：

（1）首先，来访者需要决定这是不是他想要接纳的情况。记住，如果仅仅因为你知道一项技能会对他有帮助，但来访者不认同，那他将不会有任何进展。

（2）如果来访者决定努力接纳，第二步是帮助他对自己做一个承诺，去接纳他正在对抗的任何现实。大体上，他需要向自己承诺，从现在开始，他将尽最大努力接纳这种情况。当然，很可能他很快就会发现自己又在与现实做斗争、思考它有多不公平、评判情况，等等。

（3）第三步是让来访者注意到他何时再次开始与现实抗争。

（4）对来访者来说，最后一步是将他的思维转回到接纳上（Linehan，1993b）。我认为练习接纳现实是我们经常与自己发生的内部争论之一，我会这样解释它："你决定接受现实，你向自己承诺，从那一刻起，你将努力接纳这种情况。然而，几秒钟后，你可能会对自己说，我到底为什么要接受它？这不公平！一旦你注意到你已经回到了对抗现实中，把你的思维转回到接纳，并提醒自己你所做的承诺。在短短的几分钟内，你可能需要一遍又一遍地将你的思维转回到接纳上。"

我发现来访者在这项技能上经常遇到很多困难。以下是一些他们最常见的关于接纳的问题或顾虑，以及如何回应它们的建议。

"接受现实不就意味着我放弃了或变得被动吗"

关于目前的情况，来访者通常认为接纳这种现实情况意味着不试图做任何事情来改变它（Linehan，1993b）。事实并非如此。接纳仅仅意味着放弃他们因与现实情况做斗争而正在体验的折磨。停止这种斗争并不意味着停止试图解决问题的努力。接受现实是为了开启改变之路所必须发生的转变。鼓励来访者记住，他们无法改变某事，直到他们首先接受现实的本来面目。一旦他们不再与现实做斗争，就可以释放出他们本可以用于解决问题的能量。

"我如何能接受我将孤独度过余生"

有时候来访者试图接纳还没有发生的事情。例如，我曾一起工作的一位来访者在离婚后有过几段长期关系，但都没有持续下去。49岁时，她沮丧而孤独。有一天她告诉我，她正在试图接受自己将孤独终老的现实。我的回应是："你不能接受还没有发生的事情！"这个技能是关于接纳现实，而未来还不是现实。我们不可能知道未来会发生什么。此外，大多数人在过去和现在都有足够多的事情需要去努力接纳。究竟为什么会有人想花费精力去接受未来可能发生的现实呢？

对于这位来访者，我建议，如果孤独是她正在抗争的现实，她需要接纳目前她没有伴侣。我指出努力接纳这一点可能已经够难的了，我建议她不要增加压力和痛苦去试图接受她注定会在余生感到如此悲伤和孤寂。这就是底线：经常担心未来的来访者需要聚焦的不是接纳，而是正念训练，因为正念是关于活在当下，而不是未来。

"我如何能接受我是一个坏人"

一天，在一次团体会谈中，一位来访者问：他如何能接受他是一个坏人。我指出，正如我们不能接纳未来一样，我们也不能接纳评判，因为它们不是事实。评判不是现实，它们是对现实的理解。然后我让这位来访者描述一下为什么他觉得自己是个坏人。他有一张他正在做和以前做过的他认为是坏事的清单，如药物成瘾、酗酒和朝试图帮助他的人发火。我解释说，这些是他需要努力接受的现实。

"生活中有些事情太可怕了以至于无法接受"

人们常常难以接受现实，因为情况太痛苦了，他们不想接受。针对处于这种情况的来访者，帮助他们了解是什么阻止了他们试图接受现实。我发现这通常是经历过某种虐待的人会有的问题。他们告诉我，他们甚至无法想象接受如此可怕的事情。当这成为一个问题时，我首先关注的是宽恕：提醒这些来访者，他们是在为自己而不是为其他任何人练习接纳。这与宽恕无关，也与其他任何人无关。如果来访者因为觉得有义务而学习这种技能（例如，因为一个家庭成员告诉他们，他们需要放下一些事情），这是行不通的。

需要说明，一些试图为了自己接受现实的来访者仍然会遇到这种障碍，认为现实太可怕了以至于无法接受。在这种情况下，请更仔细地确认他们的想法，认为接受现状意味着什么。有时，它可以追溯到在理解上对"接纳"的困惑。他们可能仍然认为接纳意味着他们赞同这种情况，或对发生的事情无所谓。

其他时候，人们觉得情况是如此令人痛苦，以至于他们无法去到那里。不幸的是，不管他们愿不愿意，他们都得去到那里。当我们无法接受某件事时，大脑有一种不幸的倾向，将我们一次又一次地带回到那里。提醒这些来访者，随着时间的推移，接纳实际上会帮助他们更少地想到这个情境，而当他们想到这个情境时，该情境对他们的影响力会更小，引发的情绪会更少，强度也会更小。

与冲动相反行事

我们要讨论的最后一个减少痛苦情绪的技能是与冲动相反行事。正如我们所讨论的，情绪经常会伴随着冲动。例如，愤怒往往会导致攻击的冲动，无论是言语上还是身体上。很多时候，人们不会努力不依这些冲动行事，因为他们会觉得这种行为就是他们要做的正确的事。然而，从智慧自我的视角来看，人们可以看到，按照这些冲动行事并不符合他们的最佳利益，比如因为焦虑而回避社交场合，当他们感到抑郁时孤立自己，或当他们觉得受到不公平待遇时朝着老板大声喊叫。

有趣的是，研究人员发现，依照与某种情绪相关的冲动行事实际上会加强这种情绪（Niedenthal，2007）。所以，如果你依冲动行事，对你生气的人进行言语或肢体攻击，你实际上增强了你的愤怒。此外，因为这种行为可能与你的道德和价值观不一致，这样做可能会引发额外的情绪，比如当你之后因自己的行为方式评判自我时，会感到内疚和后悔。因此，不依照伴随情绪而来的冲动行事，至少不会使情绪变得更强烈，这是有道理的。事实上，根据莱恩汉（1993b）所说，与冲动相反行事可以帮助降低情绪的强度。

表10-1概述了通常依附于四种痛苦情绪产生的冲动，以及与这些冲动相反的可能的行为。我没有列入积极的情绪，因为在大多数情况下，依照与积极情绪相关的冲动行事，比如幸福感，通常不会引起问题。

表 10-1　如何与依附于四种痛苦情绪产生的冲动相反行事

情绪	冲动	相反的行为
愤怒	言语或肢体攻击	如果可能的话离开这个情境，或文明、礼貌地行事，而不是让事情变得更糟
悲伤	远离人群并孤立自己	去接近人群并寻求支持
焦虑	为了回避引起焦虑的情境，离开它并在未来回避类似情境	持续待在这个引起焦虑的情境中，并在未来再次将自己置于该情境中
羞耻或内疚	远离并躲避他人	去接近他人，当羞耻或内疚感并不符合现实时，继续进行会促发这些感受的活动

一旦一种情绪完成了它的任务，它经常会妨碍你有效地采取行动。如果我们能对情绪引发的冲动采取相反的行动，从而降低它的强度，或许我们就能更有效地应对。让我们用一个焦虑的例子来看看这一点。维琪小时候被狗袭击过。可以理解的是，在受到攻击后，她害怕狗，这种恐惧一直持续到成年。当她33岁搬进一个新的社区时，维琪很不高兴地发现就在这条街上有一个遛狗公园，人们经常带着他们的狗经过她的房子去那里。她仍然感到很焦虑，她原本很喜欢散步，现在她不仅不再去散步，也不再独自走出家门，因为感觉会受到攻击。

维琪的焦虑达到了它的目的：它在她小时候保护了她，并且继续激励她保护自己。但她的焦虑现在成了障碍。过去这让她对可能的威胁保持警觉，但因为她继续回避这种情况，她没有学习到这种威胁是极小的或不存在的；相反，这份焦虑保持在一个很高的水平，影响了维琪的正常生活功能。然而，如果她能与回避的冲动相反行事，她就能减少焦虑，因为她的大脑会学习到没有什么可焦虑的。这将允许她更有效地行使社会功能。

帮助来访者识别他们正在体验的依附于情绪的冲动，然后指导他们进行与冲动相反的行为。来访者经常发现，写下关于他们体验的一些细节来帮助他们通过智慧自我分析会很有帮助。我已经提供了一张与冲动相反行事工作表示例（见表10-2），它可以帮助来访者评估他们对这种技能的使用。请随意复印空白表格，并在你的实践中使用。让来访者从描述左列中的情境开始。其余列的内容指导他们注意他们体验到的情绪，哪种冲动依附于情绪而来，他们实际做出了什么行为，有哪些后续影响（行为的后果）。这份工作表是你和你的来访者监测来访者使用该技能的一个很好的方式，并让他们看到这个技能对实现他们的目标有多大的帮助。

表 10-2　与冲动相反行事工作表示例

情境（触发情绪的事件）	情绪（体验到的情绪）	行事冲动（依附于情绪的冲动）	所采取的行动（你实际做了什么）	后续影响（行为的后果，比如情绪或后悔的强度，或者你的需求是否得到满足）
我决定通过洗个热水澡练习自我安慰	内疚	不去洗澡，做些有成效的事	让我自己在浴室里待了让自己待的整整 20 分钟	我的内疚逐渐减少。我达成了练习自我安慰的目标，我知道长远来看这是符合我的最佳利益的。我不后悔
有人在我开车的时候挡了我的路	勃然大怒	一直跟着那辆车直到它停下，下车，把司机骂一顿	跟着那辆车到加油站，下车，朝司机大喊大叫	我变得更愤怒了，因为他否认挡了我的路。加油站的工作人员出来并威胁说要报警。之后我感到尴尬，意识到我可能惹上了大麻烦。我也意识到我的行为实质上没有任何帮助。最后我觉得更糟了

观察你的情绪

来访者经常试图回避他们的情绪，因为他们发现情绪太令人痛苦了。还记得Ⅲ度烧伤受害者的类比吗？没有学会如何调节情绪的来访者痛苦万分，他们没有管理和耐受自身情绪的技能。你可以使用英文首字母缩写 WATCH 来帮助这类来访者总结本章中的技能——将帮助他们减少对情绪的回避并提高他们管理情绪能力的技能：

观察（W）：观察你的情绪。心理记录你对一种情绪的体验，承认它在身体上表现出的感受，伴随它而来的思想、记忆或者图像，等等。

避免行动（A）：不要立即行动。请记住，这只是一种情绪，不是事实。你不一定需要对它做些什么。

思考（T）：把你的情绪想象成波浪。记住，如果你不试图推开它，它会自然减弱。

选择（C）：选择让自己体验那种情绪。提醒自己，不回避这种情绪符合你的最佳利益，有助于你朝着实现长期目标努力。

帮助者（H）：记住情绪是帮助者。它们都是为了一个目的，它们出现是来告诉你一些重要的事情。让它们履行它们的使命！

小 结

这一章讲述了很多帮助来访者减少他们情绪上的痛苦的技能。当你继续与来访者一起工作，帮助他们学习这些技能时，记住多鼓励和认可他们。考虑到他们可能在一个混乱的环境中长大，他们的父母自己也不知道这些技能或者患有精神障碍或物质成瘾等，他们没有学习这些技能是有道理的。还要记住，你的来访者一直在期待你的指导。通过在会谈和生活中运用这些技能，尽可能多地为他们示范这些技能。下一章将继续探讨帮助来访者调节情绪的技能，将重点转移到增加积极的情绪上。

第 11 章

帮助来访者调节情绪的技能：增加积极的情绪

上一章着眼于减少痛苦情绪的情绪调节技能。这一章是关于与其同样重要的事情：增加积极的情绪。这不仅仅是有益的，因为它能改善情绪，而且感到快乐会让人感觉良好；积极情绪还能增强免疫系统（Frederickson，2000）和心脏（Frederickson & Levenson，1998），并有助于将包括创伤在内的痛苦体验的影响降至最低（Frederickson，2001）。此外，正如汉森和蒙迪恩恰当地指出的，"这是一个积极的循环：今天的良好感觉增加了明天拥有良好感觉的可能性"（2009，p.75）。

很多人似乎不明白，有时候我们要主动努力去产生积极的情绪。例如，当情绪调节困难导致人际关系混乱并影响生活功能时，积极的感觉并不经常自发产生。在这一章中，我们将学习一些技能，它们可以帮助来访者有意识地努力增加积极的体验，以及随之而来的积极的情绪。

在生活中有效地做

在 DBT 中，有效地做的技能指的是做你需要做的事情，以满足你的需求或更接近你的长期目标（Linehan, 1993b）。来访者越有效地做，他们就会体验到越多的积极情绪，因为他们增加了自尊，提高了生活质量。虽然有效地做可能听起来合乎逻辑，甚至有点儿简单，但对我们的许多来访者来说（而且，让我们面对现实吧，有时甚至对我们自己来说），这会成为一个真正的挑战，因为情绪往往会妨碍我们。当来访者凭自身的情绪行事时，他们通常很难弄清楚自己的长期目标是什么，更不用说弄清楚他们需要做些什么来实现目标了。

当你第一次教授来访者这项技能时，你可能会遇到阻力。记得给予来访者充分的认可，强调有效地做是困难的，然后推动改变。向来访者解释你将帮助他们练习这一技能，这将提高他们的生活质量。从一开始就指出有效地行动并不能保证他们的需求得到满足也很重要。它可以增加机会，但其他障碍可能仍然会阻碍他们实现目标。

我发现介绍这种技能最好的方式是让来访者回想过去他们无效地行事的时候：他们什么时候做了他们后来后悔的事情？从长远来看，他们什么时候以一种他们后来意识到对他们没有帮助甚至有害的方式行事？向他们解释当他们做一些那一刻可能感觉很好的事情（通常是出于情绪行事），但从长远来看并不符合他们的最佳利益时，他们就正在无效地行事。莱恩汉（1993b）用"切掉你的鼻子来报复你的脸"⊖这句谚语来描述无效的行为。一个例子是出于愤怒而采取的行动，从长远来看，这种行动对你自己的伤害比对你生气的对象的伤害更大。

因此，有效地行事是从你明智的自我出发——将情绪和想法，以及你的本能或直觉告诉你的符合你最佳利益的内容考虑在内。有效地行事意味

⊖ 美国谚语，指冲动行事，不计后果。——译者注

着思考什么能帮助你实现长期目标，即使这可能不是你想做的或在这种情况下最容易做到的。下面的对话举例说明了如何传达这一点：

治疗师： 你被日托中心解雇了。听到这个消息我很难过，瑞贝卡。我知道你有多喜欢这份工作，而且你在那里做得很好。

来访者： 是的，这糟透了。他们告诉我，这是因为他们已经减少了招聘人数，因此现在工人太多了而岗位不足。当然，我是最新的员工之一，尽管我已经在那里一年了。他们告诉我，他们可能会叫我偶尔值班，但如果他们这样做，我不认为我会去。

治疗师： 你为什么不去？显然，如果你很快找到了另一份工作，而你又没有空，你就不能去了。但如果不是这样，这些额外的工作时间不就派上用场了吗？

来访者： 是的，但是我认为这不公平，他们解雇了我，现在还指望我在他们认为需要我的时候随时待命。

治疗师： 你真的认为这件事是这样的吗，瑞贝卡？在这之前你一直告诉我，你与雇主的关系是多么地好，听起来他们很重视你。

来访者： 他们显然不够重视我，否则会留下我。

治疗师： 所以这就是真正的原因吗？你生他们的气，为了惩罚他们，你不打算回去工作，尽管这不仅能帮助他们，也能帮你摆脱困境？

来访者： 在他们做了那些事情之后，为什么我要帮助他们？

治疗师： 你能试着想想在这种情况下什么对你是有效地行事，而不是专注于如何报复他们吗？你能做些什么来帮助你满足你的需求呢？

来访者： （停顿）我知道你在想我能挣到钱，你是对的。但是我还是不明白为什么我要帮助他们。

治疗师： 我理解你对失去工作感到愤怒和失望。我知道这是你持续做一份工作时间最长的一次，这对你很重要。你不仅与你的同事，还与和你一起工作的孩子们建立了关系。你甚至回到学校去获得文凭，这样你可以继续在这个领域工作，所以很明显这份工作对你来说意义重大。但是，是的，你是对的，你确实需要钱。偶尔走出家门对你也有好处，因为没有工作，你会很孤单。我还想知道，如果招聘人数再次增加，或者如果其他工作人员由于工作时长过少离开，你是否有机会之后重新获得工作。

来访者： 是的，我想你是对的。我只是太失望了，我觉得这是针对我个人的。他们确实不止一次告诉我，我第一个被解雇的唯一原因是我资历不足。是的，他们确实说过，如果可以的话，他们会让我回去，即使只是兼职。所以你是对的。我想我应该更多地关注我能做些什么，以使我更有可能重新得到我的工作，或者至少他们会为我的下一份工作提供一封好的推荐信。

妨碍有效地做的事物

妨碍来访者有效行事的能力的最大问题之一是不知道他们的长期目标是什么（Linehan，1993b）。他们很难弄清楚他们需要做什么来满足他们的需求，有时甚至不确定他们的需求是什么！鼓励他们练习正念，这样他们就可以慢下来，真正思考在特定情况下什么对他们来说是最有效的。此外，在一种情况下，他们可能有不止一个目标，所以在他们无法实现所有目标的情况下，重要的是帮助他们找出什么是最重要的。

对情况的想法也会妨碍你做有效的事情。例如，瑞贝卡认为她的雇主对她不公平，这妨碍了她有效地行事。她关注的一切都是她认为情况应该如何，所以她不是对现实情况做出反应，而是对她希望情况应该有的样子做出反应。

另一个有效地做的常见障碍是关注短期目标，而不是考虑长远来看最有帮助的事情。因此虽然瑞贝卡可能会因为在雇主需要她时不帮忙而得到一些满足，但从长远来看，这将是用伤害自己的方式和自己过不去：赚不到她需要的钱，不向雇主表示如果有机会她愿意回来，也不是以一种会为她将来的工作获得一封好的推荐信的方式行事，从而伤害了自己。所有这一切对她的伤害比她对雇主的伤害更大，雇主也可能会找其他人来值班。

关于有效地做的告诫

一定要向来访者强调，虽然有效地做聚焦于尽一切努力达到他们的目标，但这并不允许他们以牺牲他人为代价。有效地做意味着从他们的智慧自我出发来行事，这包括按照他们的道德和价值观行事。如果他们的行为违背了他们的原则，他们会失去对自身的尊重，从长远来看，这显然不符合他们的最佳利益。

增加积极的体验

当来访者的生活处于混乱时，他们的人际关系便处于持续的混乱中，愤怒、悲伤和焦虑的感受不断地淹没他们，可以理解他们不会考虑做有趣的事情。同样也可以理解，当你建议他们做更多有趣的事情时，他们会认为你疯了！你必须让他们明白，积极的情绪不会奇迹般地凭空出现，尤其如果他们经常处于大量情绪上的痛苦中。向他们解释，努力产生良好的感觉取决于他们自己。汉森和蒙迪恩（2009）指出，痛苦体验的解药是接受它们，而不是试图抑制它们，然后努力培养积极的体验，吸收它们，使它们成为你的一部分。

增加令人愉悦的活动

对于经常体验情绪上的痛苦的来访者而言，增加愉悦的活动可能非常困难，但也非常重要（Linehan，1993b）。如果他们不努力增加令人愉悦的活动，他们目前体验的情绪上的痛苦就不太可能消失。

帮助来访者思考他们可以做些什么，可能给他们的生活带来更多积极的情绪。这对抑郁的来访者来说尤其困难，因为在这种状态下，似乎没有什么会给他们带来愉悦或改变他们的感受。如果这种想法对一名抑郁的来访者而言是一个过大的任务，那么从帮助他试着去想一些可能会让他安静下来或感到安慰的事，或可能会给他带来一些平静或满足的事开始。向来访者解释，这个想法并不是说这些活动一定会使他情绪上的痛苦消失；相反，它们是一种小步前进的方式，让你感觉稍微好一点儿，哪怕只是很短的一段时间。这项技能不一定与感觉良好相关，而是关于感受任何积极的情绪，即使是很小的程度。

一个好的起点是让来访者回想他们过去做过的有助于改善他们情绪的事情。如果他们什么也想不出来，试着根据你对来访者的了解给他们提供一些建议。例如，如果你知道一名来访者喜欢动物，但不能在他的公寓楼里养宠物，建议他去宠物店和小猫玩一会儿，甚至报名在当地的动物收容所做一些志愿者工作。或者如果你知道他喜欢花时间和孩子在一起，建议他问问他的哥哥，他是否可以带他的孩子去公园或看电影。无论你建议什么，一定要选择他能在短期内立即能做的事情（Linehan，1993b）。一旦你开始进行，帮助来访者创建一个愉悦活动的列表，然后让他们选择其中一个开始家庭作业。

处理动机

人们常说自己没有动机，只是觉得不想做或者没有精力去做事情。对于情绪失控的来访者来说，这很可能是真的。问题是，除非他们开始进行一些愉悦的活动，否则他们的情绪不会改善。在此之前，他们基本上陷入了恶性循环。

许多人似乎认为，他们应该感受到一种动力或愿望去做某事——如果他们觉得不想做，那么他们就不能做。对于表达这种信念的来访者，提醒他们所有他们规律地做而可能并不真的想做的事情：家务、帮孩子做作业，甚至只是早上起床。很可能大多数来访者让自己做很多他们不喜欢或不想做的事情。

向来访者解释，他们不能等待感觉到动机或热情出现，因为这可能不会发生，特别是如果他们情绪低落或他们在调节情绪方面存在问题且导致生活混乱。他们可能会发现，他们通常直到他们已经开始做之前都不想做某项活动。试着让他们回想在过去发生过的那些时刻：当他们觉得没有动力或者好像没有精力去做某事，但是一旦他们开始了活动，事情就没那么糟糕了的时候，也许他们甚至会享受它。提醒他们做愉悦的活动——即使他们不得不强迫自己开始——将有助于通过增加他们参加活动的程度和积极体验来减少他们的痛苦情绪。

目标设定

现在做一些愉悦的活动显然有助于改善来访者的情绪，减少他们情绪上的痛苦，但对他们来说，改变自己的生活方式，使得愉悦的事件有规律地发生也同样重要（Linehan，1993b）。促进这一点的方法之一是帮助来访者检查他们的目标。希望你已经讨论了他们治疗的短期目标，但鼓励他们思考他们可能希望长期做出的积极改变也很重要。他们也许能够确定他们想要做出的一些相当重大的改变，比如结束一段不健康的关系，找一份工作或者完成学业。然而，小一些的目标也同样有效和值得，重要的是他们有目标。

你可能会发现一些来访者对长期目标的概念很陌生。他们可能太专注于试图处理自身的情绪，只是在日常生活中生存，而关于未来的想法尚未成为优先考虑的对象。如果他们以前没有考虑过这些，他们可能不知道他们的目标是什么。在这种情况下，帮助他们制定一些目标。我经常通过让来访者进行头脑风暴来开启这个过程：如果他们可以做任何他们想做的事情，那会是什么？我提供了一份目标设定工作表，你可以用它来帮助来访者确定长期目标。

目标设定工作表

（1）从头脑风暴开始：列出你曾经有过的任何兴趣，甚至是你从未真正参与的活动。不要限制自己。如果它突然出现在你的脑海中，看起来它可能是一种有趣的、愉悦的、平静的、平和的或者在某种程度上积极的体验，把它写下来。如果没有空间了，你可以用另一张纸。

_____

_____

（2）选择以上活动中最吸引你的一项，然后对此做一些研究。这是你能直接做的活动吗？如果涉及成本，你能负担得起吗？如果需要的话，你有相应的交通工具吗？如果不是那么简单，看看你能不能让这个想法更切合实际。也许，就像通常的情况一样，钱是一个限制因素。例如，即使你不能辞掉工作回到学校，也许你可以参加夜校、函授班或网络课程，或者你可以一边工作一边去读非全日制的学校。在这里记下你的一些想法：

_____

_____

（3）现在你有了一个目标和一些关于如何实现这个目标的想法，你能开始采取哪些步骤来实现它呢？例如，也许你会研究你想参加的项目，看看在哪里可以参加，找出你参加这个项目是否需要一些先决条件，并研究你可以获得哪些经济援助。

_____

_____

（4）现在确定你将要朝着目标迈出的第一步：

_____

_____

一旦你迈出了这第一步，你会更加了解你需要做些什么来进一步接近你的目标。一步一步来。确保你设定的目标足够小，让它们现实可行。比如，如果你负担不起全日制院校，就不要设定两年内完成的目标；如果你这样做了，当你没有达到这个目标时，你会感到失望，这使得你不太可能继续努力达到你的目标。换句话说，不要让自己失败！

建立掌控感

确保我们在短期内在生活中定期进行积极的活动，并思考我们的长期目标是什么，以便我们能够朝着它们努力，这两者在增加积极情绪方面都很重要。但是拥有我们能进行的活动也很重要，不一定是因为它们有趣，而是因为它们给了我们成就感和自豪感。它们让我们感到充实，让我们的生活有了目标。这是被称为建立掌控感的DBT技能（Linehan，1993b）。

向来访者强调，建立掌控感不在于他们进行的活动，而在于这些活动所带来的感受。不管结果如何，这与挑战自我和对自我感觉良好相关。当建立掌控感时，他们会为自己所取得的成就和富有成效而感到自豪，他们会有一种充实感，不管成就看起来多么大或多么小。

建立掌控感的活动因人而异，所以，再次强调，为每个来访者个性化这项技能。大多数人已经有了一些他们经常做的事情来建立掌控感。这是一个开始，但可能需要更深入地帮助来访者确认这些现有的活动。询问他们已经做了哪些让他们感到自豪、满足或有成就感的活动。如果他们想不出任何活动，你可能对他们已经很了解，可以提出一些建议。也许一位来访者每天早上给他儿子做午饭，然后送他去学校。也许他定期锻炼，做志愿者工作，或者为自己的工作感到自豪。请记住：这是一项非常个人化的技能，所以不要做假设，而是利用你对来访者的了解提供建议。

一旦你确定一位来访者已经做了一些建立掌控感的事情，向他们解释每天至少做一次这类事情对产生积极情绪的重要性。为了让这看起来不那么令人退缩，可以给来访者举一些相对简单的例子，告诉他如何每天建立掌控感。例如，尽管他感觉很糟糕，从床上起来或者早上洗个澡，散步五分钟，或者出去取邮件。

意愿：采取开放的态度

有时，来访者似乎理解 DBT 技能会有所帮助，会理解如果他们要做出任何改变，他们需要练习这些技能，但他们仍然发现自己无法做出这样做的承诺。在这种情况下，引入执意（willfulness）和愿意（willingness）的概念可能有所帮助。

在这个语境下，执意是将自己从生活的本质中移除，拒绝做有效的事情，并将自己与通常存在的大量可能性隔绝开来（May, 1987）。执意是举起双手说："我不在乎。"这是放弃，拒绝去尝试甚至去考虑什么是可能的。从稍微不同的角度来看，执意是试图将自己的意图强加于现实——试图"修复"一切，而不是做需要做的事情。

通常情况下，事情越困难，人们就越有可能对其保持执意。举起双手说它不再重要了更加容易。但是，很明显，这不是有效的。帮助来访者想起他们执意的时刻，他们会熟悉这种感觉。看看他们是否能识别出执意的感觉，以及当他们感到执意时会做出什么行为：当执意出现时，他们会转向自己的问题行为吗？他们会发脾气吗？他们会退缩吗？

解药是愿意，这是执意的反面。愿意是关于接纳和对生活采取开放的态度或选择完全进入生活（May, 1987），不管这意味着什么挑战。愿意是尽自己最大的努力去接近智慧自我，并且有效地做。它试图解决问题，即使这些问题似乎无法解决。这意味着即使在非常痛苦的情况下，在有效地行事似乎是不可能的时刻，也要使用技能。愿意是努力变得更加灵活（Hayes，2005），采取开放的态度，允许自己看到可能性。

从执意到愿意

在帮助来访者确定他们感觉到执意时会做什么之后，鼓励他们将这些行为视为执意的信号，并接纳他们正感觉到这份执意。事情就是这样，而且评判它只会增加他们的情绪，让他们更难管理情绪和接近智慧自我。

接下来，请他们将愿意作为向他们的体验、学习和各种可能性敞开心扉的过程。思考这种开放可以帮助他们改变态度，在生理上表达这种态度可以帮助他们从执意走向愿意。要求来访者用肢体语言表达这种开放感，将不愿意的姿态变为愿意。我推荐和他们一起做这件事，以帮助他们感觉更舒服，并增加他们做这件事的可能性。张开双臂，松开拳头。打开双手，掌心向上。缓和你的面部表情，放松你的下颌。

使用表示愿意的语言也可以帮助来访者从执意走向愿意。考虑到执意是关于不接纳、拒绝和否认——向一切说"不"，鼓励来访者与这种冲动相反行事，对一切说"是"。这可以帮助他们走向愿意（Linehan，2003c）。让来访者闭上眼睛，进行深呼吸，用表达愿意的方式与自我对话。例如，"我可以做这件事""我一切都好"，或者"我要试试"。

浅笑

有一句充满智慧的谚语说："有时你的快乐是你微笑的源泉，但有时你的微笑也能成为你快乐的源泉。"事实上，研究人员发现，做出一种情绪的面部表情实际上增加了这种情绪的强度（Niedenthal，2007）。DBT的浅笑技能（Linehan，1993b）就是微微上翘嘴角，这样你就笑了一点儿。我喜欢让来访者和我一起练习这个技能，尽管在练习浅笑的时候最好不要直视对方，因为这通常会导致大笑和一个彻底绽放的笑容。（这实际上是这个技能很有价值的证据!)

一定要向来访者指出,浅笑不是咧嘴一笑来掩饰痛苦的情绪;相反,这是关于使用他们的面部肌肉向大脑发送信息,这将增加他们的幸福感。浅笑有助于增加积极的情绪,也有助于人们朝着意愿前进。

小　结

在这一章中,我们学习了通过增加来访者积极的感觉来帮助他们更有效地调节情绪的技能:有效地做,增加愉悦的活动,设定目标,通过提供掌控感的活动建立自尊和自重,以及学习如何从执意走向愿意和它带来的开放感。随着来访者练习这些技能,他们将享受更多积极的体验,这将增加他们的积极情绪。当他们的生活中有更多的积极因素时,他们的痛苦会更容易处理一些。

下一章将着眼于来访者的人际关系如何导致他们情绪上的痛苦,以及沟通技能如何帮助他们改善他们的人际关系。人际关系可能导致的混乱增加了人们调节情绪的难度,因此这些技能至关重要。

DBT
Made Simple
第 12 章

帮助来访者在人际关系中更加有效能感

人际关系会对情绪产生巨大影响，尤其是对那些调节情绪存在困难的人而言。当 BPD 来访者处在安全、充满爱的关系中时，他们通常会体验到更多情绪上的稳定感。相反，当一段关系不稳定时，这可能会给他们的生活带来更多的混乱，而这种混乱往往会导致自我毁灭的行为，从而导致关系中更多的问题。对这些来访者来说，缺少人际关系也可能是一个问题。如果他们没有足够的人际关系，他们可能会感到孤独和沮丧。

本章着眼于你如何通过自信的技能帮助来访者改善他们的人际关系并建立新的人际关系，并将讨论 DBT 技能，以帮助来访者发展和维持生活中更多的平衡——平衡他们想做的或令人愉悦的事情与他们的责任，以及平衡人际关系中固有的给予和接受。

获取社会支持

作为社会人，我们需要生活中他人的存在来保持快乐。因此，在治疗的早期关注来访者的社会支持是很重要的：他们有朋友和熟人吗？他们和家庭成员关系亲近吗？有时人们报告说，他们有亲近的、支持他们的网友，但他们从未真正见过面。你还可以帮助来访者检查这些关系的质量，以及他们对这些关系的满意度：这些关系健康吗？它们会带来满足和享受的感觉吗？还是会引起痛苦、愤怒和怨恨？

正如来访者做出的许多其他决定一样，你可能不同意他们的看法。你可能认为一个来访者在他的生活中需要更多的关系，或者认为他目前的一些关系不健康。请记住，在人际关系方面，我们都有不同的需求。有些人形容自己是独行侠，生活中不需要很多人，而另一些人八面玲珑，需要更多的关系来感到充实。因此，问题不在于关系的数量，而在于来访者对他拥有的关系有多满意或感到有多充实。换言之，一旦你和来访者完成了这个评估，询问来访者"你是否对你的社交生活感到快乐，或者你觉得缺少了些什么"是很重要的。当你思考他的回答时，记住任何可能干扰他准确对此进行评估的挑战，如社交焦虑。

如果你的观点与来访者的不同，记住在这个问题上陷入权力争夺不会有帮助。向来访者表达你的观点完全没问题，甚至很重要，但如果他不同意你的看法的话，不要试图强迫他接受。随着时间的推移，你们的治疗关系逐渐发展，你获得了他的信任，你可以努力帮助他从一个不同的视角看待事情，希望在某个时候，改善他的社会支持会成为一个目标。

一旦来访者承认他们的人际关系并不令人满意，或者他们没有很多（或任何）人可以寻求支持，并表示他们愿意以此为目标来努力，你就可以帮助他们整理他们的可选项。首先，帮助他们考虑自己可以做些什么来改善人际关系。他们是否需要努力改善所有目前不健康的关系？他们能否与他们已经认识的人建立更深的关系？他们需要努力发展新的关系吗？

改善目前的关系

从已有的关系开始通常是最容易的。如果来访者对他们目前的关系不满意,他们就需要努力改善,但他们可能很难找出问题所在。因此,帮助他们了解自己的沟通风格是很有用的。我提供了一个沟通风格测验,我建议让来访者完成这个测验,以帮助他们了解自己最常使用的风格,并可能够识别其他人倾向于采取的沟通风格。

沟通风格测验

以下问题将帮助你了解你的沟通风格。如果你对某项内容的答案为"是",则进行勾选。当然,你可能会发现,这些事情当中,你有时会做很多件,所以只勾选那些可能最能描述你的内容。你勾选最多的风格即是你的主导沟通风格。

1. 被动型

你是否试图推开自己的感受,而不是向他人表达这些感受?

你害怕表达自己会导致别人生你的气或不喜欢你吗?

你是否经常说"我不在乎"或"对我来说无所谓"之类的话,而你其实很在乎或它事实上很重要吗?

你是否因为不想让别人心烦而保持安静或尽量不制造事端?

你是否因为你不想与众不同,而经常附和别人?

总计:

2. 攻击型

你只在意走自己的路,而不管会如何影响他人吗?

你经常大喊大叫、咒骂或使用其他富有攻击性的交流方式吗?

你的朋友害怕你吗?

你是否在与他人交流时不尊重他人,只要你的需求得到满足,就不会真正关心他人是否得到了他们需要的东西?

你有"非照我说的做不可"的态度吗？你曾听过别人这样形容你吗？

总计：

3. 被动-攻击型

当你感到愤怒时，你有讽刺他人的倾向吗？

当你生别人的气时，你会倾向于沉默地对待他们吗？

你是否经常发现自己说的是一套但想的是另一套，比如，尽管你想做别的事情，却顺从了另一个人的意愿？

你是否通常不愿意表达你的情绪，但发现你的感受会以其他方式表达，如摔门或其他富有攻击性的行为？

你害怕表达自己会导致别人生你的气或不再喜欢你，所以你试图用更微妙的方式传达你的信息？

总计：

4. 自信型

你认为你有权利表达你的观点和情绪吗？

当你和某人意见不一致时，你能清楚而诚实地表达你的观点和情绪吗？

在与他人交流时，你是否在尊重他人的同时也尊重自己？

你有没有仔细听别人在说什么，向他们传达你正在试图理解他们观点的信息？

如果你们有不同的目标，你会试着和别人协商，而不是专注于满足自己的需求吗？

总计：

当来访者完成测验后，向他们解释四种不同的沟通风格。（如果你需要，我在下面列出了关于如何向来访者描述它们的指导。）接着，讨论他的沟通方式会如何对他的人际关系产生负面影响。一定要指出，人们根据情况和沟通对象去使用不同的沟通风格是很常见的。还要强调，重点不是诊断他如何沟通，而是要增加他对自己沟通模式的觉察，如果来访者愿意的话，他可以选择不同的沟通方式。因为很多人很难就他们的愿望、想法和感受进行沟通，尤其是和他们最在乎的人沟通，所以对来访者来说，更多地发展沟通的自信通常是值得的。认可在这种情况下会起作用，因为大多数人发现自己很难表现得自信，尤其是在某些情况下以及和某些人沟通的时候。

沟通风格

向来访者描述四种沟通风格，以帮助他们理解沟通风格——他们自己的或他人的风格——可能如何给他们的人际关系带来问题。当你讨论这些时，向来访者询问过去他们使用每种沟通方式的案例，他们倾向于与谁一起使用，以及他们认为这种方式是否有效。

被动型沟通

被动的人往往不太进行言语交流。他们倾向于压抑自己的情绪，而不是表达出来，也许是因为害怕伤害别人或让别人不舒服，也许是因为他们不相信自己的感受或观点和别人的一样重要。被动沟通风格的人通常害怕对抗，认为表达自己的观点、信念或情绪会引起冲突。他们的目标通常是保持和平，不要制造事端，所以他们只是坐着，很少说话。

被动的来访者经常允许他人侵犯他的权利，并且对自己的需求缺乏尊重。他的被动传达了一种能力不足或自卑的信息。这种沟通风格可能不会在关系中对他人产生负面影响，或者其他人可能会对他难以直言和缺乏自我尊重感到不舒服。不考虑对其他人的影响，这种交流方式肯定会随着时间的推移对来访者产生负面影响，因为他会埋怨他的需求没有得到满足。

攻击型沟通

富有攻击性的沟通者试图控制他人。他们在意的是按自己的方式行事，而不考虑给别人带来的代价。富有攻击性的人是直接的，但是用一种强有力的、苛刻的，甚至可能是恶毒的方式。他们往往会让别人感到愤恨、受伤和害怕。他们可能会得到他们想要的，但通常是以他人为代价，有时是以自己为代价，因为之后他们可能会因为自己的行为而感到内疚、后悔或羞愧。

一个富有攻击性的来访者不在乎他的需求通过哪种方式得到满足，即使这种方式可能意味着不尊重和侵犯他人的权利。这种沟通风格显然对人际关系有负面影响，因为人们通常不会容忍长期的辱骂和不尊重。

被动－攻击型沟通

像被动型沟通者一样，那些被动－主动型的人也害怕对抗，他们不直接表达自己。然而，由于他们的攻击倾向，他们的目标是按自己的方法来，但他们倾向于使用间接的技巧，更微妙地表达他们的情绪，如嘲讽、冷处理，或嘴上说着他们会为他人做一些事情，但之后"忘记"了。

一个被动－攻击型的来访者不需要说话就能传达他的信息。这对其他人来说可能会很困惑，因为他说的是一回事，随后却传达了一个矛盾的信息。许多被动－攻击技巧的特点是具有操纵性，这通常是试图满足个人需求的不健康方式，而且往往会产生消极后果。

自信型沟通

自信的人以一种既尊重自己也尊重他人的、直接而诚实的方式表达他们的愿望、想法、感受和信念。他们试图满足自己的需求，也试图尽可能满足他人的需求。他们倾听且进行协商，所以其他人经常选择与他们合作，因为他们也从互动中获得了一些东西。另一些人倾向于尊重和重视自信的沟通者，因为这种沟通风格会让他们觉得受到尊重和重视。

自信地沟通是具有良好自尊的人倾向于表达自己的方式。他们对自己感觉良好，他们认识到他们有权表达他们的观点和感受。然而，一定要向来访者指出，这并不意味着那些低自尊的人无法变得自信，在沟通中更加自信实际上会改善他们对自己的感受。这也将改善他们与他人的关系和互动，同时也将增加他们的自尊。

自信的技能

因为我们中的很多人都在沟通时有困难——尤其是与我们最关心的人沟通——大多数来访者都可以从培养自信的技能中受益。向来访者解释，就像任何新的行为一样，变得更加自信需要时间和努力。像任何技能一样，它需要练习。有些人，尤其是那些更被动的人，发现自信地沟通和行事感觉像是富有攻击性地行事，只是因为他们不习惯要求他们想要的。对于许多来访者来说，学习自信可能会不舒服，甚至有时令人害怕，但渐渐地，他们会学习到这是最健康的沟通方式，并开始看到他们的关系中的积极变化。

正如第10章所讨论的，我们在成长过程中接收到的关于情绪的信息塑造了我们对情绪的想法和感受。沟通也是如此：我们通过观察周围的人如何沟通来学习如何沟通。如果你从小到大身边的人都是以被动、攻击或被动-攻击的方式与你沟通，那么要做到自信就会很有挑战性。

向来访者解释这一点，并帮助他们了解他们的一些沟通模式来自哪里。提醒他们这不是责备，而是帮助他们理解他们当下困难的原因。这往往让其更容易改变。一旦来访者很好地理解了四种基本的沟通风格，以及他们的沟通风格在他们的关系中所扮演的角色，你就可以使用以下技能和他们一起培养自信（Linehan，1993b）：

- 决定优先事项，如达成一个目标、改善一段人际关系或对自己的选择感觉良好。
- 通过描述情况和相关的想法和感受，以不损害关系的方式提出请求。
- 协商。
- 获取信息。
- 以不损害关系的方式说"不"。
- 按照个人价值观和道德观行事。

我提供了一些指南，可能有助于向来访者解释这些技能。你可以随意复印它们，并把它们作为讲义发给来访者。

自信沟通的指南

以下人际交往技能可以帮助你在人际关系中变得更加自信。

1. 决定你的优先事项

首先，你需要决定在目前的情况下你的优先事项是什么：你是否有一个目标，他人可以帮助你实现，或者可能阻止你实现？你想改善关系吗？不管其他结果如何，你想对自己在互动中的表现感到满意吗？你想拒绝别人向你提出的请求吗？

如果你在不止一个领域都有优先事项，这可能是一个困难的决定。你有可能达到多个目标，但有时你必须选择哪个是最重要的。无论你做什么决定，重要的是要非常清楚你的首要优先事项是什么，这样你才能清楚地表达它。如果你不确定你想要的是什么，你就很难得到你想要的！一旦你决定了你的优先事项，你就可以选择哪些技能对实现这个目标最有帮助。

2. 用不损害关系的方式要求你想要的东西

以下是提出一个自信的请求的步骤：

1）不评判地描述情况。一旦你确定了你的优先事项是什么，从清晰而真实地向他人描述情况开始。评判和责备将降低你实现目标的可能性，所以一定要坚持事实。还要记住，在这一点上，你要处理的问题既不是冲突也不是对抗，它只是一个需要解决的问题。

2）描述你对这种情况的想法和感受。建立自信的第二步是告诉别人你对这种情况的想法和感受。

3）坚持自我。最后一步是通过清楚地要求你想要的来坚持自我。

3. 协商

自信的一个固有部分是表现出对他人的尊重，并表现出一种渴望，即如果可能的话，每个人都能从互动中获得一些东西。协商——为了得到某样东西而愿意付出某样东西——通常对鼓励他人帮助你实现目标大有帮助。与其关注如何满足你的需求，不如努力就一个双方都满意的解决方案达成共识，让你和对方的部分需求都得到满足。

4. 获取信息

了解对方的需求、想法和感受将有助于你自信地沟通。保持自信意味着像关心自己一样关心他人。获取能增进你对他人了解的信息将有助于你公平、尊重地对待他们，并帮助他们满足他们的需求。

人们倾向于对他人做出假设，而不是询问他们的目标、想法和感受。这些假设会破坏关系，阻碍成功的互动。拥有准确的信息将有助于你更成功地与他人沟通并达到你的目标。

5. 用不损害关系的方式说不

许多人很难对他人的请求说不。他们可能会因为拒绝他人而感到内疚，或者他们可能会以某种方式评判自己，比如想，如果我说不，我就是一个坏朋友。有时人们担心如果他们说不，别人会生气。但是为自己设定限度并坚持它们——即使这意味着有时拒绝别人的请求——只是表明你尊重和重视自己。坚定地说不，而不是屈服并做一些你不想做的事情，也可以保护关系免受怨恨的影响，如果你经常在你真的不想的时候说是，这种怨恨会随着时间的推移而积累。

6. 依据你的价值观和道德准则行事

明确你的价值观和道德观，并坚持下去。如果你同意去做违背自身原则的事情，你不会对自己感觉良好。所以，当你不想做某件事时，对自己和他人诚实，而不是找借口。说不并对理由保持诚实是完全可以的——哪怕只是因为你不想做某件事。如果你能诚实而坚定地告诉别人你不想做他们要求你做的事情，你的自尊会增加。

当然，有时候一点儿善意的谎言是恰当的。比如，如果你不想去朋友家吃饭，因为你不喜欢他做的菜，你不一定要跟他说出这些；事实上，如果你伤害了他的感受，你可能会感觉更糟。因此请酌情处理，但确保你不要过于频繁地使用小小的善意谎言，因为这也会降低你的自尊。

自信的其他技能

根据来访者在某种情况下的目标，其他自信技能可能会派上用场。这里有一些额外的建议，你可以分享给来访者，让他们更有可能在不损害关系的前提下达成他们的目标。事实上，这些技术甚至可能有助于改善关系，也可能有助于增加来访者的自尊：

- 用心倾听。用心倾听将有助于来访者更好地理解他人所说的话。此外，其他人也会经常注意到并感谢他真的在集中注意力。他们觉得他真的在倾听，且对他们要说的话感兴趣。
- 认可。对来访者来说，认可他人是让他们知道他在关心的一个很好的方式，是倾听并试图理解。如果他抵制认可他人的想法，要提醒他，就像认可他的情绪一样，这并不意味着他喜欢正在发生的一切，这仅仅意味着他承认或理解它。当有人对来访者生气时，这是一个对来访者特别有帮助的技能，因为当他告诉你他理解你为什么生气时，你会很难继续生气下去。以这种方式降低愤怒可以促进针对问题进行一次富有成效的讨论，从而改善关系。

- 辩证地思考情况。提醒来访者，辩证思维的理念意味着试图更全面地了解情况。在人际关系中，辩证地思考意味着试图从对方的角度看问题。以这种方式思考互动将有助于来访者认可他人，因为他将更好地理解他们为什么会有这样的思考或感受。辩证地思考也可以帮助他摆脱权力争夺，让他在互动后对自己感觉更好。

- 采取开放的态度。在人际关系中保持乐意会让你更容易心胸开阔，更容易听到对方的观点，并一起工作。采取开放的态度也更容易保持轻松愉快。如果来访者的目标是改善关系，他应该温和，并试图让对方感觉更舒服，也许可以通过微笑或保持幽默。

- 只有在真正需要道歉的时候才道歉。有些人有一种无法解释的需要，即为他们没有责任的事情道歉。如果真的需要道歉，来访者应该承担责任并道歉。但是过度道歉会降低他的自尊心，并且可能是他的自尊正在忍受痛苦的标志。

自信如何像换油一样

人们通常很难向他们真正关心的人坚持自我，可能是因为他们害怕表达自己的真实需求和情绪会破坏关系。但是关系通常会因为关系中的一方或双方缺乏自信而受损。让来访者想一想自信帮助他解决问题、帮助他更有效地做，或者可能挽救了一段过早结束的关系的那些时候。他有没有这样一段关系，在关系中他让问题堆积，不和对方谈论这些问题，直到他最终受够了并结束这段关系？或者，他是否会向朋友或伴侣倾诉自己的感受，这样他们能在事情发展到那一步之前试图解决问题？当然，后一种方法更可取：当问题在一段关系中出现时，设法处理而不是让它们堆积起来，直到变得不可收拾。然而，人们失去一段关系的最常见的原因之一是他们认为他们的关系是理所当然的，没有努力让关系保持健康（Linehan, 1993b）。

当我教授来访者自信技能时，我喜欢用保养汽车的比喻：当你拥有一辆车时，你想好好保养它。当引擎盖下有什么东西开始嘎嘎作响，或者总觉得汽车在行驶时不太正常时，你会把它送去检查，但你也会定期把它送去调整、换油、换轮胎，等等。换句话说，你好好保养你的车，因为你知道如果你不这样做，它可能会产生更多的问题，甚至可能是无法控制的问题。

向来访者解释，一段关系需要以同样的方式对待。它需要定期得到照料，而不仅仅是当它们更加明显地嘎嘎作响时。那么定期的关系维护是什么样的呢？定期给朋友打电话，询问他的近况或者最近的旅行，在他生日的时候约他出去，在他祖母生命垂危的时候支持他，等等。为了照料关系并防止它们恶化，我们向他人展示他们对我们的重要性。当然，我们也必须处理出现的重大问题。例如，我经常听到抱怨，"我是那个总是要打电话的人"。如果来访者觉得他们比其他人在关系中投入了更多的精力，这就是一个需要讨论的问题。如果他们需要从朋友那里得到一些他目前没有给予的东西，他们需要去提出要求。他们不应该假设别人会读心术，或者自动知道他们的需求是什么。

当然，当问题出现在一段关系中时，保持自信并要求我们想要的或谈论问题通常是说起来容易做起来难。许多人在一段关系中不快乐时会避免把话说出来，因为他们害怕后果。例如，对方可能会生气或彻底结束关系。提醒来访者，可能发生的最糟糕的事情是关系结束，如果他们不讨论问题和他们的感受，随着怨恨的积累，关系依然很可能会结束。然而，更有可能的结果是，用自信技能讨论问题会让他们与他人协作，使他们的关系更健康。

自信在平衡令人愉悦的活动和责任方面的作用

照料关系的另一个重要部分是发展更多的平衡。在第 11 章中，我讨论了帮助来访者确保他们定期体验能够产生积极情绪的活动的重要性：好玩的、有趣的、充实的、放松的、平和的、平静的活动，等等。重要的是来访者持续进行这些活动，尽管其他人不可避免地会对他们提出需求。因此，你需要教来访者去平衡他们为自己做的活动和他们的责任（Linehan, 1993b）。

每个人都有责任——去工作，支付账单，照顾孩子、宠物或父母——这些和产生积极感受的活动一样重要。但是当令人愉悦的活动与他人的需求相冲突的时候，自信技能对于解决可能导致的不和谐是必要的。

请来访者考虑这种情况发生在他们身上的时候：也许有人强迫过他们做他们不想做的事情，也许当时他们已经计划做其他事情。例如，也许一个来访者的朋友请他帮他搬家，但他已经计划好周末外出。在这种情况下，来访者做了什么？结果如何？

帮助来访者思考他们的模式是什么很重要：他们是否总是倾向于屈服并做他们的伴侣、朋友或家人希望他们做的事情？他们是否平时不顾别人意愿并追求自己的利益？还是他们能够找到更多的平衡，有时把自己的需求放在第一位，有时把别人的需求放在第一位？为了过上平衡的生活，我们都需要付出、分享，有时还需要在关系中做出牺牲，但我们有时也必须把自己的需求放在第一位，甚至要求他人为我们做出牺牲。总是屈从于另一个人的愿望对这段关系来说不会是健康的。如果来访者这样做，从长远来看，他会感到怨恨，因为他的需求没有得到满足，且因为另一个人总是按自己的方法来——即使来访者正在允许这种情况发生。

如果来访者有时对于把他们自己的需求放在第一位这件事感到内疚，和他们一起回顾与冲动相反行事的技能。把他们的需求放在第一位并不违背他们的道德和价值观，只要他们不一直这样做或者以他人为代价。相反，把他们自己的需求放在第一位实际上是很好的自我照料，当他们的需求得到满足时也将有益于他们的关系。鼓励他们坚持，向他们保证内疚感会逐渐消散。

鼓励来访者经常练习自信。与他们在会谈中进行角色扮演，并鼓励他们在日常生活中寻找练习的机会。对于一些来访者来说，这些机会并不会自然出现。在这种情况下，鼓励他们创造练习的机会（Linehan，1993b）。头脑风暴一下，想想在什么情况下他们可以强迫自己保持自信？比如打电话给客服热线寻求帮助，或者在餐馆点与菜单上不同的菜。把自信想象成来访者的一种新语言：除非他们有机会这样说这种新的语言，否则他们会很快失去它。

深化现有关系并发展新关系

本章到这里为止，我一直关注来访者如何改善他们现有的关系，主要是通过坚定自信。但是对于那些没有很多有意义的关系的人来说，帮助他们找到改变这种情况的方法是很重要的。

对于这些来访者，我做的第一件事就是看看他们的生活目前是如何构建的，以及他们如何花时间度过的：他们工作吗？他们有没有参加可能有助于发展新关系的活动或爱好？结识新朋友可能会很有压力，所以来访者更容易与他们已经认识的人建立更深入的关系。

我最近和一个叫马修的来访者一起工作，并试图扩充他的社交网络。不幸的是，他还有社交焦虑这项额外挑战。他参加了一系列写作课程，以帮助他发展他创意写作的天赋，在这些课程中，他遇到了几个他觉得交流起来比别人更舒服的人。马修能够为自己设定一个目标，通过努力与他们交谈，也许在某个时候邀请他们出去喝咖啡或参加其他小型社交活动，来努力加深这两种关系。对于有社交焦虑的来访者来说，帮助他们找到加深关系的方法尤为重要，这会让这个目标更容易实现，而这通常意味着采取许多小步骤。

然而，有时候，加深现有的关系是不可能的。来访者要么不认识任何他们有兴趣想要与之建立更多关系的人，要么非常孤立并很少有机会认识他们可能想要发展关系的人。帮助这些来访者结识可能成为朋友的新的人们可能是一个挑战。这通常意味着尝试新事物，所以帮助这些来访者考虑他们的兴趣是什么，并鼓励他们考虑加入致力于此兴趣的俱乐部或团体，如马修的创意写作班。让他们研究他们可能参加的课程或工作坊，他们可能开始做的运动，志愿者活动或者任何其他他们可能见到新的人们的情境。另一个选择是致力于方便人们聚在一起分享特定活动的社交网络的网站。如果来访者能找到他们喜欢做的事情，然后把它变成一项社交活动，这对来访者而言，通常会更舒服。鼓励他们做一些事情，比如参加编织或手工艺班，或者报名参加瑜伽，然后尽最大努力在这项活动中自由发展友谊。

最后一点很重要：向来访者强调，他们需要带着开放的心态进入情境。你可能会问他们，有哪些东西他们不得不失去。毕竟，最坏的情况是可能无法享受这种体验，因此提前离开或不再去，而最好的情况是他们遇到某个人并发展一段新的关系。我们的生活中无法容纳太多人。

小　结

这一章解决了人际关系的问题：来访者如何在其中更加有效能感，如何使关系更健康，以及如何发展更多的关系。请记住，对许多人来说，这是一个困难的领域，尤其对那些情绪失调的人而言，有时是因为过去的经历，有时是因为诱发焦虑的假设。记得认可来访者的恐惧，并鼓励他们继续练习他们所学的其他技能，以帮助他们增加自己在当前和新的关系中更加有效的机会。

DBT
Made Simple
总　结

进行整合

DBT 是一种复杂的治疗方法，但它对各种各样的精神障碍都有效，并且是治疗更具挑战性的精神障碍的一种有帮助的工具，如 BPD，也包含情绪失调。在本书里，你学到了很多关于如何对情绪失调的来访者使用 DBT 的知识。我们已经研究了 DBT 的理论基础；你已经学习了一些与将 DBT 付诸实践相关的行为理论的基本概念；我已经解释了在个体 DBT 会谈中使用的一些技术和策略；你已经学习了四个模块中的 DBT 技能：核心正念、痛苦耐受、情绪调节和人际效能。你已经有很多信息要吸收并付诸实践，接下来，是否用这些信息来帮助自己取决于你。不过，我确实有一些建议。

从技能开始

当我开始在自己的实践中使用 DBT 时，我发现从关注技能开始是有帮助的。从自己练习 DBT 技能开始，然后把它们教给来访者。在这个过程中，你会对技能发展出更透彻的理解，并在教学中取得更好的效果。

我提供了一本 DBT 技能使用日记，里面列出了你在本书中学到的所有 DBT 技能。你可以把这个清单作为你自己的备忘录，因为它给出了每项技能的简要描述。我还建议你复印一份给来访者，这样他们就可以用它来提醒自己所学的技能，并记录他们使用技能的频率。

将复杂的部分留到后面

一旦你对基础知识更熟悉了，就把更复杂的东西留到后面。这可能意味着，首先，最好专注于使用 DBT 治疗 BPD 以外的精神障碍，因为 BPD 是一种如此复杂的疾病，需要治疗的流畅性和对 DBT 模式基础理论的透彻理解。你会做到的，但是我建议你慢慢来，给自己熟悉和适应这个模式的时间。

一旦你对这些技能更加熟悉，你当然会想更多地关注 DBT 模式的其余部分：将行为理论的某些方面融入你的实践中（例如，思考如何对来访者进行应变管理）；开始在会谈中使用一些辩证策略；整合行为监测表以构建会谈，整合行为分析表以更多地了解来访者的问题行为；诸如此类。

发展一个团队

记住没有团队就没有 DBT。理想情况下，你会找到一个有经验的 DBT 从业者来帮助你学习。但是不管这是否可能，也不管你是否在运用完整的 DBT 模式，作为一个团队与一群实践者一起工作，即使他们没有太多 DBT 相关的经验，也会为所有团队成员提供急需的支持。团队还提供了额外的学习机会，因为你们可以互相征求意见，互相帮助学习技能和 DBT 模式。

利用额外的资源

为了增加你教授这些技能的舒适度，你可能需要不止一次地阅读这本书。利用其他资源也能帮助你学习这些技能。例如,我的书《平息情绪风暴》(*Calming the Emotional Storm*,2012)是一个很好的资源,可以帮助你加深对本书涵盖的技能的理解。

保持灵活

无论你决定从这里出发去向哪里,请记住 DBT 是灵活的,以及有部分 DBT 比没有 DBT 好。如果有时它看起来太难了,你想放弃,请记住这是你的许多来访者可能每天都有的感受。所以,做你想让他们做的事情:练习你的 DBT 技能。做一些深呼吸,将自己带回到当下,认可你正面临的困难,并给自己鼓励。你能做到的!

DBT 技能使用日记

为你每天使用每项技能的程度填写一个数字:

(1)我后来意识到我本可以使用这项技能。
(2)我考虑过这个技能,但是没有使用它。
(3)我后来意识到我确实使用了这项技能,而且我做得很有效。
(4)我用心尝试了使用这项技能,但没有效果。
(5)我用心使用了这项技能,而且它是有效的。

	周一	周二	周三	周四	周五	周六	周日	
接纳现实:通过接纳现实减轻情绪上的痛苦。事实就是如此(接着思考你是否能做些什么来改变这种情况)								情绪调节
练习自我认可:觉察你接收到的关于情绪的信息,它们塑造了你当下对它们进行思考和感受的方式。不要评判你的情绪,只是接纳它们								
对情绪保持正念:将你的觉察和接纳带到当下存在的任意情绪上;不去试图与痛苦的情绪做斗争,不试图坚持留住愉快的情绪。记住,情绪如同波浪,会来,会去								

（续）

	周一	周二	周三	周四	周五	周六	周日	
提前应对：为可能出现的困难情况进行计划和演练。想象你想要的结果。用积极的视角思考								痛苦耐受
用RESISTT技能对抗冲动：为了帮助自己不依冲动行事、重构、正念地做一件事、为其他人做一些事、体验强烈的感觉、将其拒之门外、思考中性的想法或者休息一下								
进行成本-收益分析：考虑问题行为的成本和收益								
找到平衡：通过平衡睡眠、治疗躯体疾病、减少物质使用、合理饮食和运动来减少情绪脆弱性								
接近智慧自我：保持专注和镇定。平衡情绪自我和理智自我。保持正念。去接近智慧自我——带着情绪心理记录、提高自我对话的能力、专注于当下								核心正念
不评判：通过保持不评判的态度来减少情绪上的痛苦。忠于事实和你的情绪而不是评判								
练习心理记录：不评判地观察和描述你所体验的一切。只是体验正在发生的事								
练习正念：专注于当下，一次只做一件事，集中所有的注意力，带着接纳的态度								
寻找新的关系：如果你在生活中没有足够的健康关系，确保你在寻找和创造遇见新的人的机会，并发展新关系								人际效能
平衡令人愉悦的活动和责任：确保为自己做事只是因为享受它们，同时承担你的责任和他人的要求。有时把你自己的需求放在首位，其他时候为你在乎的人做出牺牲								
自信地沟通：注意你所采用的沟通风格。练习自信沟通。不要任由问题在关系中堆积，当问题发生时就设法解决								
维持关系：照料你的人际关系。联系你在乎的人并向他们展示他们对你而言很重要								
练习意愿：拥抱生活中的一切可能。用你所拥有的一切尽力做到最好，即使你不喜欢生活给你发的牌								情绪调节
建立掌控感：通过做让你感觉富有成效的事情来增加充实感，就像你已经成就了一些事。树立你的自尊								

（续）

	周一	周二	周三	周四	周五	周六	周日	
增加令人愉悦的活动：参加有趣的、愉悦的、令人平静的或平和的活动。为自己设立目标，这样你在短期和长期都能有所期待								情绪调节
有效地做：不要"切掉你的鼻子来报复你的脸"。思考自己的长期目标是什么，接着为了达成你的目标做你需要做的事情。依照智慧自我行事								
与冲动相反行事：注意你正在体验的情绪和依附于情绪的冲动，然后与冲动相反行事								

致　谢

我要感谢泰希耶（Tesilya）、杰斯（Jess）和我在新先驱出版公司的其他好朋友们多年来对我的支持。谢谢你们给我一个千载难逢的机会，也谢谢你们对我的信任。

我还想借此机会感谢玛莎·莱恩汉博士。您的才华、创造力和坚持不懈已经帮助这么多人创造了值得过的人生。我也感谢您的勇气，给这么多人带来了希望。

参考文献

Aron, E. N. (1996). *The highly sensitive person.* New York: Broadway Books.

Barbour, K. A., Edenfield, T. M., & Blumenthal, J. A. (2007). Exercise as a treatment for depression and other psychiatric disorders: A review. *Journal of Cardiopulmonary Rehabilitation and Prevention, 27,* 359–367.

Basseches, M. (1984). *Dialectical thinking and adult development.* Norwood, NJ: Ablex.

Beck, A. T. (1976). *Cognitive therapy and the emotional disorders.* New York: Plume Books.

Beck, A. T., Emery, G., & Greenberg, R. (1985). *Anxiety disorders and phobias: A cognitive perspective.* Cambridge, MA: Basic Books.

Beck, A. T., Freeman, A., & Associates. (1990). *Cognitive therapy of personality disorders.* New York: Guilford Press.

Bennett-Goleman, T. (2001). *Emotional alchemy.* New York: Three Rivers Press.

Blakeslee, S., & Blakeslee, M. (2007, August). Where mind and body meet. *Scientific American Mind, 18,* 44–51.

Bloch, L., Moran, E. K., & Kring, A. M. (2010). On the need for conceptual and definitional clarity in emotion regulation research on psychopathology. In A. M. Kring & D. M. Sloan (Eds.), *Emotion regulation and psychopathology: A transdiagnostic approach to etiology and treatment,* pp. 89–104. New York: Guilford Press.

Bohus, M., Haaf, B., Simms, T., Limberger, M. F., Schmahl, C., Unckel, C., et al. (2004). Effectiveness of inpatient dialectical behavioral therapy for borderline personality disorder: A controlled trial. *Behaviour Research and Therapy, 42,* 487–499.

Bordin, E. S. (1979). The generalizability of the psychoanalytic concept of the working alliance. *Psychotherapy: Theory, Research, and Practice, 16,* 252–260.

Brach, T. (2003). *Radical acceptance: Embracing your life with the heart of a Buddha.* New York: Bantam Books.

Brenes, G. A., Williamson, J. D., Mesier, S. P., Rejeski, W. J., Pahor, M., Ip, E., et al. (2007). Treatment of minor depression in older adults: A pilot study comparing sertraline and exercise. *Aging and Mental Health, 11,* 61–68.

Bryer, J. B., Nelson, B. A., Miller, J. B., & Krol, P. A. (1987). Childhood sexual and physical abuse as factors in adult psychiatric illness. *American Journal of Psychiatry, 144,* 1426–1430.

Campos, J. J., Campos, R. G., & Barrett, K. C. (1989). Emergent themes in the study of emotional development and emotion regulation. *Developmental Psychology, 25,* 394–402.

Cardish, R. (2011, February). *DBT certificate course, part C: Problem-based learning.* Instruction at the Centre for Addiction and Mental Health, Toronto, Ontario.

Carew, L. (2009). Does theoretical background influence therapists' attitudes to therapist self-disclosure? A qualitative study. *Counselling and Psychotherapy Research, 9,* 266–272.

Chambers, R., Lo, B. C. Y., & Allen, N. B. (2008). The impact of intensive mindfulness training on attentional control, cognitive style, and affect. *Cognitive Therapy Research, 32,* 303–322.

Dimeff, L., & K. Koerner. (2005). *Online learning DBT skills training course.*

Drossel, C., Fisher, J. E., & Mercer, V. (2011). A DBT skills training group for family caregivers of persons with dementia. *Behavior Therapy, 42,* 109–119.

Evershed, S., Tennant, A., Boomer, D., Rees, A., Barkham, M., & Watson, A. (2003). Practice-based outcomes of dialectical behaviour therapy (DBT) targeting anger and violence, with male forensic patients: A pragmatic and non-contemporaneous comparison. *Criminal Behaviour and Mental Health, 13,* 198–213.

Fairholme, C. P., Boisseau, C. L., Ellard, K. K., Ehrenreich, J. T., & Barlow, D. H. (2010). Emotions, emotion regulation, and psychological treatment: A unified perspective. In A. M. Kring & D. M. Sloan (Eds.), *Emotion regulation and psychopathology: A transdiagnostic approach to etiology and treatment,* pp. 283–309. New York: Guilford Press.

Feigenbaum, J. (2007). Dialectical behaviour therapy: An increasing evidence base. *Journal of Mental Health, 16,* 51–68.

Frederickson, B. L. (2000). Cultivating positive emotions to optimize health and well-being. *Prevention and Treatment, 3,* article 0001a, posted online March 7, 2000.

Frederickson, B. L. (2001). The role of positive emotions in positive psychology. *American Psychologist, 56,* 218–226.

Frederickson, B. L., & Levenson, R. (1998). Positive emotions speed recovery from the cardiovascular sequelae of negative emotions. *Psychology Press, 12,* 191–220.

Germer, C. (2009). *The mindful path to self-compassion.* New York: Guilford Press.

Goldstein, T. R., Axelson, D. A., Birmhaer, B., & Brent, D. A. (2007). Dialectical behavior therapy for adolescents with bipolar disorder: A 1-year open trial. *Journal of the American Academy of Child and Adolescent Psychiatry, 46,* 820–830.

Greenberg, L. S., & Paivio, S. C. (1997). *Working with emotions in psychotherapy.* New York: Guilford Press.

Harley, R., Sprich, S., Safren, S., Jacobo, M., & Fauva, M. (2008). Adaptation of dialectical behavior therapy skills training group for treatment-resistant depression. *Journal of Nervous and Mental Disease, 196,* 136–143.

Harned, M. S., Chapman, A. L., Dexter-Mazza, E. T., Murray, A., Comtois, K. A., & Linehan, M. M. (2008). Treating co-occurring Axis I disorders in recurrently suicidal women with borderline personality disorder: A 2-year randomized trial of dialectical behavior therapy versus community treatment by experts. *Journal of Consulting and Clinical Psychology, 76,* 1068–1075.

Harvard Health Publications. (2004, February 11). The benefits of mindfulness. *Harvard Women's Health Watch*, 11, 1–3.

Hayes, S. C. (2004). Acceptance and commitment therapy, relational frame theory, and the third wave of behavioral and cognitive therapies. *Behavior Therapy*, 35, 639–665.

Hayes, S. C., with S. Smith. (2005). *Get out of your mind and into your life*. Oakland, CA: New Harbinger.

Herman, J. L. (1986). Histories of violence in an outpatient population. *American Journal of Orthopsychiatry*, 56, 137–141.

Keuthen, N. J., Rothbaum, B. O., Falkenstein, M. J., Meunier, S., Timpano, K. R., Jenike, M. A., et al. (2011). DBT-enhanced habit reversal treatment for trichotillomania: 3- and 6-month follow-up results. *Depression and Anxiety*, 28, 310–313.

Kleindienst, N., Limberger, M. F., Schmafil, C., Steil, R., Ebner-Primer, U. W., & Bohus, M. (2008). Do improvements after inpatient dialectical behavioral therapy persist in the long term? A naturalistic follow-up in patients with borderline personality disorder. *Journal of Nervous and Mental Disease*, 196, 847–851.

Koerner, K., & Dimeff, L. (2007). Overview of DBT. In L. Dimeff & K. Koerner (Eds.), *Dialectical behavior therapy in clinical practice*, pp. 1–18. New York: Guilford Press.

Koole, S. L. (2009). The psychology of emotion regulation: An integrative review. *Cognition and Emotion*, 23, 4–41.

Koons, C. R., Robins, C. J., Tweed, J. L., Lynch, T. R., Gonzalez, A. M., Morse, J. Q., et al. (2001). Efficacy of dialectical behavior therapy in women veterans with borderline personality disorder. *Behavior Therapy*, 32, 371–390.

Landolt, H. P., Roth, C., Dijk, D. J., & Borbely, A. A. (1996). Late-afternoon ethanol intake affects nocturnal sleep and the sleep EEG in middle-aged men. *Journal of Clinical Psychopharmacology*, 16, 428–436.

Lankton, S. R., & Lankton, C. H. (1989). *Enchantment and intervention in family therapy: Training in Ericksonian approaches*. New York: Brunner/Mazel.

Linehan, M. M. (1993a). *Cognitive-behavioral treatment of borderline personality disorder*. New York: Guilford Press.

Linehan, M. M. (1993b). *Skills training manual for treating borderline personality disorder*. New York: Guilford Press.

Linehan, M. M. (1997). Validation and psychotherapy. In A. Bohart & L. Greenberg (Eds.), *Empathy reconsidered: New directions in psychotherapy*, pp. 353–392. Washington, DC: American Psychological Association.

Linehan, M. M. (2003a). *Crisis survival skills, part one: Distracting and self-soothing*. Chaos to Freedom Skills Training Videos. Seattle: Behavioral Tech.

Linehan, M. M. (2003b). *Crisis survival skills, part two: Improving the moment and pros and cons*. Chaos to Freedom Skills Training Videos. Seattle: Behavioral Tech.

Linehan, M. M. (2003c). *From suffering to freedom: Practicing reality acceptance*. Chaos to Freedom Skills Training Videos. Seattle: Behavioral Tech.

Linehan, M. M. (2003d). *This one moment: Skills for everyday mindfulness*. Chaos to Freedom Skills Training Videos. Seattle: Behavioral Tech.

Linehan, M. M. (2011). *Marsha Linehan at the NIH.* Lecture presented at the National Institute of Mental Health, Bethesda, MD, February 8.

Linehan, M. M., Armstrong, H. E., Suarez, A., Allmon, D., & Heard, H. L. (1991). Cognitive-behavioral treatment of chronically parasuicidal borderline patients. *Archives of General Psychiatry, 48,* 1060–1064.

Linehan, M. M., Comtois, K. A., Murray, A. M., Brown, M. Z., Gallop, R. L., Heard, H. L., et al. (2006). Two-year randomized controlled trial and follow-up of dialectical behavior therapy vs. therapy by experts for suicidal behaviors and borderline personality disorder. *Archives of General Psychiatry, 63,* 757–766.

Logan, A. C. (2006). *The brain diet.* Nashville, TN: Cumberland House.

Lyddon, W. J., Clay, A. L., & Sparks, C. L. (2001). Metaphor and change in counselling. *Journal of Counseling and Development, 79,* 269–274.

Lynch, T. R., & Cheavens, J. S. (2007). DBT for depression with comorbid personality disorder: An extension of standard DBT with a special emphasis on the treatment of older adults. In L. Dimeff & K. Koerner (Eds.), *Dialectical behavior therapy in clinical practice,* pp. 174–221. New York: Guilford Press.

Lynch, T. R., Trost, W. T., Salsman, N., & Linehan, M. M. (2007). Dialectical behavior therapy for borderline personality disorder. *Annual Review of Clinical Psychology, 3,* 181–205.

Martin, D. J., Garske, J. P., & Davis, K. M. (2000). Relation of the therapeutic alliance with outcome and other variables: A meta-analytic review. *Journal of Consulting and Clinical Psychology, 68,* 438–450.

Masicampo, E. J., & Baumeister, R. F. (2007). Relating mindfulness and self-regulatory processes. *Psychological Inquiry, 18,* 255–258.

May, G. (1987). *Will and spirit: A contemplative psychology.* New York: HarperOne.

Miller, A. L., Rathus, J. H., & Linehan, M. M. (2007). *Dialectical behavior therapy with suicidal adolescents.* New York: Guilford Press.

Nelson-Gray, R. O., Keane, S. P., Hurst, R. M. Mitchell, J. T., Warburton, J. B., Chok, J. T., et al. R. (2006). A modified DBT skills training program for oppositional defiant adolescents: Promising preliminary findings. *Behaviour Research and Therapy, 44,* 1811–1820.

Niedenthal, P. (2007). Embodying emotion. *Science, 316,* 1002.

Ost, L. G. (2008). Efficacy of the third wave of behavioral therapies: A systematic review and meta-analysis. *Behaviour Research and Therapy, 46,* 296–321.

Palmer, R. L. (2002). Dialectical behaviour therapy for borderline personality disorder. *Advances in Psychiatric Treatment, 8,* 10–16.

Parloff, M. B., Waskow, I. E., & Wolfe, B. E. (1978). Research on therapist variables in relation to process and outcome. In S. L. Garfield & A. E. Bergin (Eds.), *Handbook of psychotherapy and behaviour change: An empirical analysis* (2nd edition). New York: Wiley.

Perepletchikova, F., Axelrod, S., Kaufman, J., Rounsaville, B. J., Douglas-Palumberi, H., & Miller, A. (2011). Adapting dialectical behavior therapy for children: Towards a new research agenda for paediatric suicidal and non-suicidal self-injurious behaviors. *Child and Adolescent Mental Health, 16,* 116–121.

Rajalin, M., Wickholm-Pethrus, L., Hursti, T., & Jokinen, J. (2009). Dialectical behavior therapy–based skills training for family members of suicide attempters. *Archives of Suicide Research, 13,* 257–263.

Ramnerö, J., & Törneke, N. (2008). *The ABCs of human behavior.* Oakland, CA: New Harbinger.

Roehrs, T., & Roth, T. (2001). Sleep, sleepiness, and alcohol use. *Alcohol Research and Health, 25,* 101–109.

Rogers, C. R. (1961). *On becoming a person. A therapist's view of psychotherapy.* London: Constable.

Safer, D. L., Telch, C. F., & Chen, E. Y. (2009). *DBT for binge eating and bulimia.* New York: Guilford Press.

Sakdalan, J. A., Shaw, J., & Collier, V. (2010). Staying in the here-and-now: A pilot study on the use of dialectical behavior therapy group skills training for forensic clients with intellectual disability. *Journal of Intellectual Disability Research, 54,* 568–572.

Stanley, B., Brodsky, B., Nelson, J. D., & Dulit, R. (2007). Brief dialectical behavior therapy for suicidality and self-injurious behaviors. *Archives of Suicide Research, 11,* 337–341.

Steil, R., Dyer, A., Priebe, K., Kleindienst, N., & Bohus, M. (2011). Dialectical behavior therapy for posttraumatic stress disorder related to childhood sexual abuse: A pilot study of an intensive residential treatment program. *Journal of Traumatic Stress, 24,* 102–106.

Stone, M. H. (1981). Borderline syndromes: A consideration of subtypes and an overview, directions for research. *Psychiatric Clinics of North America, 4,* 3–13.

Swales, M. A., & Heard, H. L. (2009). *Dialectical behaviour therapy.* New York: Routledge.

Swales, M. A., Heard, H. L., & Williams, J. M. G. (2000). Linehan's dialectical behavior therapy (DBT) for borderline personality disorder: Overview and adaptation. *Journal of Mental Health, 9,* 7–23.

Thompson, R. A., & Goodman, M. (2010). Development of emotion regulation. In A. M. Kring & D. M. Sloan (Eds.), *Emotion regulation and psychopathology: A transdiagnostic approach to etiology and treatment,* pp. 8–58. New York: Guilford Press.

Van der Helm, E., & Walker, M. P. (2010). The role of sleep in emotional brain regulation. In A. M. Kring & D. M. Sloan (Eds.), *Emotion regulation and psychopathology: A transdiagnostic approach to etiology and treatment,* pp. 253–279. New York: Guilford Press.

Van Dijk, S. (2009). *The dialectical behavior therapy skills workbook for bipolar disorder.* Oakland, CA: New Harbinger.

Van Dijk, S. (2012). *Calming the emotional storm.* Oakland, CA: New Harbinger.

Van Dijk, S., Jeffery, J., & Katz, M. R. (2013). A randomized, controlled, pilot study of dialectical behavior therapy skills in a psychoeducational group for individuals with bipolar disorder. *Journal of Affective Disorders.*

Verheul, R., van den Bosch, L. M. C., Koeter, M. W., Ridder, M. A., Stijnen, T., & van den Brink, W. (2003). Dialectical behaviour therapy for women with borderline personality disorder: 12-month randomized clinical trial in the Netherlands. *British Journal of Psychiatry, 182,* 135–140.

Weisskopf-Joelson, E. (1955). Some comments on a Viennese school of psychiatry. *Journal of Abnormal and Social Psychology, 51,* 701–703.

Werner, K., & Gross, J. J. (2010). Emotion regulation and psychopathology. In A. M. Kring & D. M. Sloan (Eds.), *Emotion regulation and psychopathology: A transdiagnostic approach to etiology and treatment,* pp. 13–37. New York: Guilford Press.

Wickman, S. A., Daniels, M. H., White, L. J., & Fesmire, S. A. (1999). A "primer" in conceptual metaphor for counselors. *Journal of Counseling and Development, 77,* 389–394.

Wilkinson-Tough, M., Bocci, L., Thorne, K., & Herlihy, J. (2010). Is mindfulness-based therapy an effective intervention for obsessive-intrusive thoughts: A case series. *Clinical Psychology and Psychotherapy, 17,* 250–268.

Wisniewski, L., Safer, D. L., & Chen, E. Y. (2007). DBT and eating disorders. In L. Dimeff & K. Koerner (Eds.), *Dialectical behavior therapy in clinical practice,* pp. 174–221. New York: Guilford Press.